図解
基礎からわかる はんだ付

大澤 直 [著]

soldering

$\theta = 0°$ $0° < \theta < 90°$

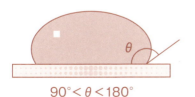
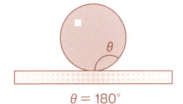

$90° < \theta < 180°$ $\theta = 180°$

日刊工業新聞社

まえがき

　"はんだ付"は誰もが知っている技術であり、誰でも一度は経験したことのある接合技術ではないでしょうか。しかし、はんだ付が現代の私たちの豊かな生活を維持し発展させている大きな陰の力になっていることは、あまり知られていないように思われます。

　はんだ付と聞けば大方の人は"はんだごて"を思い浮かべるに違いありません。こてによるはんだ付は、確かに今でも重要かつ基本的な方法に位置づけられていますが、それだけでは現在の電子機器を製造する接合法としてはとても対応できません。たとえば、携帯電話機の内部を覗くと一目瞭然ですが、米粒よりも小さな部品がぎっしり詰まっていることがわかります。

　当然のことながら、これらの部品は単に詰め込まれているだけではなく、それぞれ配線回路に接続されています。1台の携帯電話機はおよそ600から700個の電子部品から構成されており、それらのほとんどがはんだ付によって接続されています。これらの小さな部品を接合するためには、こてはんだ付ではとても対応できません。それには、まさに究極の接合技術とさえ言われる微小はんだ付技術（マイクロソルダリング）が適用されます。

　そのような高度なはんだ付技術は一朝一夕にして開発されたわけでなく、これまでの幾多の技術の蓄積によって確立されたことは言うまでもありません。はんだ付にも新しい技術の開発が不可欠になっています。

　また、微小部品の接合がはんだ付によって可能になったばかりではなく、それらの接合部、つまり、はんだ付接合部の信頼性が飛躍的な進歩を遂げたことを見逃すことができません。かつて人工衛星の打ち上げ失敗が相次ぎましたが、現在ではそれがほとんどなくなりました。その背景の1つに、衛星に積み込まれる電子機器のトラブルがなくなったこと、つまり電子回路のはんだ付部の信頼性が確保されたことがあげられます。これはとりも直さず、接合技術として

適用されているはんだ付の信頼性が確立されたことに他なりません。

　この信頼性を高めるためにNASA（アメリカ航空宇宙局）は、はんだ付を修得するための専門学校ソルダリングスクールを創設し、この学校を修了しなければ人工衛星のはんだ付作業に携わることが許されないことになっています。さらに、生活必需品であるテレビやパソコン、電話、冷蔵庫、電子レンジ、あるいは自動車、医療機器などには電子制御が採用されており、それらにはすべてはんだ付が適用されています。この事実は、はんだ付が私たちの日常生活に深く関わっている重要な技術であることを意味しています。

　本書では、はんだ付とはどのような技術なのか、その技術にはどのようなメカニズムが秘められているのか、そしてその技術がどのような分野に応用されているのかを、わかりやすく基礎から記述することを目途としました。はんだ付の真の内容を理解すると、私たちの生活が意外なほどに、はんだ付に負うていることに驚かされるに違いありません。はんだ付が果たしている役割の重要さを理解する上で、本書がいささかでもお役に立てば幸いです。

　最後に、本書の出版にあたって大変お世話になった日刊工業新聞社出版局の矢島俊克氏に厚くお礼申し上げます。

2016年1月

大澤　直

図解 基礎からわかるはんだ付

目 次

まえがき ··· 1

第1章　はんだ付の意義
はんだ付の進歩なくして電子工業の発展はあり得ない

- 1.1　はんだ付は古くて新しい ·· 10
- 1.2　はんだ付を制する者は電子工業を制する ··· 12
- 1.3　はんだ付は"溶接"として位置づけられる ·· 14
- 1.4　はんだ付はプリント配線板の実装に不可欠 ··· 16

第2章　はんだ付の基礎
1つの技術には1つの科学がある

- 2.1　はんだ付現象の科学的解明がなぜ必要なのか ····································· 20
- 2.2　なぜ、はんだが"付く"のか ··· 22
- 2.3　はんだ付の命は"ぬれ"と"表面張力" ··· 24
- 2.4　はんだ付性を知る尺度は接触角 ··· 26
- 2.5　溶けたはんだは狭いすきまに流入する ·· 28
- 2.6　はんだの溶け分かれ現象 ·· 30
- 2.7　はんだ付過程でのはんだ溶食（食われ） ·· 32
- 2.8　はんだ付継手に形成される合金層 ·· 34
- 2.9　はんだ付界面に発生するボイド ··· 36
- 2.10　はんだ付継手に発生する熱起電力 ·· 38
- 2.11　はんだ付継手部の腐食 ·· 40
- 2.12　活性化エネルギーがはんだ付現象にも関与する ······························· 42
- 2.13　ソルダペーストのレオロジー特性 ·· 44
- 2.14　はんだの力学特性が硬さ試験から予測できる ··································· 46

第3章　はんだという電子材料
はんだは合金である

- 3.1　はんだの選定が重要 50
- 3.2　はんだの純度が大切 52
- 3.3　融点が450℃近傍のはんだがなぜ存在しないのか 54
- 3.4　はんだの合金学からの理解が必須 56
- 3.5　はんだとして共晶合金が使われる 58
- 3.6　はんだ合金の三元系状態図 60
- 3.7　Snは低温でもろくなる 62
- 3.8　"スズ泣き"は結晶変形の為せる業 64
- 3.9　はんだも疲れる 66
- 3.10　Au（金）はんだも使用される 68
- 3.11　急冷凝固はんだが使われるわけ 70
- 3.12　ソルダペーストが多用される 72
- 3.13　Pbフリーはんだが求められるようになった理由 74
- 3.14　Sn-Ag系Pbフリーはんだの特長 76
- 3.15　Sn-Bi系Pbフリーはんだの特長 78
- 3.16　Sn-Zn系Pbフリーはんだの特長 80
- 3.17　Pbフリーはんだ合金のめっきは難しい 82

第4章　はんだ付を支えるフラックス
フラックスは化学反応で作用する

- 4.1　はんだ付にはフラックスの使用が必須 86
- 4.2　フラックスの選定が重要 88
- 4.3　フラックスは酸化膜を除去する 90
- 4.4　はんだ付用フラックスとしての"松やに" 92
- 4.5　活性化フラックスがはんだ付性を高める 94
- 4.6　$ZnCl_2$-NH_4Cl系は高温はんだ付用フラックス 96
- 4.7　ハロゲンフリーフラックスの役目 98
- 4.8　はんだに自己フラックス効果が生ずる 100
- 4.9　反応はんだ付という接合方法 102

第5章　はんだ付の方法と装置
技術と装置は表裏一体

5.1　はんだ付の前処理が大切……………………………………………… 106
5.2　はんだ付の原点はこてはんだ付法……………………………………… 108
5.3　はんだ付法のエースは浸漬はんだ付…………………………………… 110
5.4　なぜジェット噴流はんだ付法が必要なのか…………………………… 112
5.5　リフローの代表は赤外線リフロー法…………………………………… 114
5.6　気化潜熱がはんだ付に利用される……………………………………… 116
5.7　微小はんだ付に適用されるレーザ光…………………………………… 118
5.8　超音波がはんだ付に応用される………………………………………… 120
5.9　プラズマリフロー法は最新のはんだ付法……………………………… 122
5.10　はんだ付ロボットはなぜ開発されたのか…………………………… 124
5.11　ステップはんだ付が必要になる……………………………………… 126
5.12　ガラスもはんだ付ができる…………………………………………… 128
5.13　アルミニウムのはんだ付が難しい理由……………………………… 130
5.14　ステンレス鋼のはんだ付は難しい…………………………………… 132

第6章　マイクロソルダリングへの応用
現代を代表する微小接合技術

6.1　マイクロソルダリングは接合技術の華………………………………… 136
6.2　電子機器の小型化の鍵を握るマイクロソルダリング………………… 138
6.3　はんだ付技術の進歩と実装法の変遷…………………………………… 140
6.4　マイクロソルダリングで重用されるCCB法…………………………… 142
6.5　セルフアラインメント効果の利用……………………………………… 144
6.6　実装技術の主流はBGA法………………………………………………… 146
6.7　"部品立ち"はツームストン現象………………………………………… 148
6.8　リフトオフは特異な現象………………………………………………… 150
6.9　BGA端子に発生するブラックパッド…………………………………… 152
6.10　マイクロソルダリングには問題が多い……………………………… 154
6.11　はんだ付を凌駕する実装法は開発されていない…………………… 156

第7章　はんだ付の欠陥・検査・信頼性
検査は信頼性を確保する最善の方途

7.1　はんだ付を疎かにする者は、はんだ付に泣く……………………………160
7.2　はんだの原材料をAuやAgと同等に扱わなければならない………162
7.3　はんだ付欠陥はなぜ発生するのか……………………………………164
7.4　はんだ付における"はじき"……………………………………………166
7.5　Auめっき部材のはんだ付には注意が必要…………………………168
7.6　ウィスカの発生が問題になる…………………………………………170
7.7　はんだ付部に発生するマイグレーション……………………………172
7.8　はんだ付の検査は必須事項……………………………………………174
7.9　はんだ付性試験として重宝される界面張力法………………………176
7.10　BGA実装の検査ではプルテストが重要……………………………178
7.11　はんだ付におけるPPM管理とFIT管理………………………………180

Column

◇"はんだ"の語源……………………………………………………………18
◇福沢諭吉もはんだ付を研究していた……………………………………48
◇博物館病……………………………………………………………………84
◇はんだ付が環境汚染に関わるようになった…………………………104
◇公害は今も昔も…………………………………………………………134
◇はんだにとって室温は高温環境………………………………………158
◇はんだ付は老テクのローテクにあらず、
　鑞テクにしてハイテクなり…………………………………………182

参考文献………………………………………………………………………184
索引……………………………………………………………………………185

はんだ付の意義

はんだ付の進歩なくして
電子工業の発展はあり得ない

1.1 はんだ付は古くて新しい

　はんだ付はいつ頃から使われだしたのでしょうか。はんだ付をも含めたろう接の起源はきわめて古く、発見された遺物などから鉄器時代以前であると考えられており、青銅器時代まで遡ることは間違いないとされています。青銅器時代は紀元前約3,000年の頃ですから、現在まで5,000年もの長い間、延々と使い続けられていることになります。これほど長い歴史を持っている技術は他に例がなく、類を見ない驚異的な蓄積を持った技術であると言えます。はんだ付はまさに接合技術の原点であると言っても過言ではありません。

　では、現代におけるはんだ付は産業界でどのように位置づけられているのでしょうか。はんだ付は古い過去の技術として葬り去られているわけではなく、まさしく最先端のエレクトロニクス産業に不可欠な接合技術として受け入れられています。つまり、現代社会ではエレクトロニクス文明が謳歌されており、コンピュータや通信機をはじめ、家電製品はもちろんのこと航空機、自動車、産業機器などの制御には電子機器が必需となっていますが、それらの製造には必ずはんだ付が適用されています。はんだ付なくして電子機器の製造は不可能であり、裏を返せば、はんだ付なくして現代社会は成り立たない、とさえ言えます。

　さらに、電子機器の機能と性能の急速な発展と相まって、その製造に対応するための新しいはんだ付法が開発されてきました。従来からのこてはんだ付法のみならず、浸漬法、リフロー法、VPS法、レーザ法、プラズマリフロー法など、新しいはんだ付法が次から次に開発されています。まさに、はんだ付は電子機器とともに生き続け、時代とともに進歩していると言えます。

　このことが、"はんだ付は古くて新しい"と言わしめている理由になっています。

＊ ローマの遺跡から西暦300年頃と思われる"はんだ"が発掘されており、その組成はSn-Pb系二元共晶に近いものであったと言われています。

第1章 はんだ付の意義

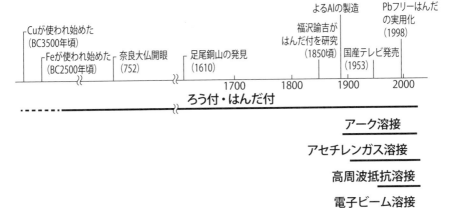

主な溶接法と発明者

溶接法	年	国名	発明者
アーク溶接法	1891	ロシア	スラビアノス
テルミット溶接法	1898	ドイツ	ゴールドシュミット
アセチレンガス溶接法	1901	フランス	エドモンド・フーシュ
高周波抵抗溶接法	1951	アメリカ	クロホードラッド
電子ビーム溶接法	1956	フランス	ストール
レーザ溶接法	1965	アメリカ	メイマン
Alの真空ろう付法	1968	アメリカ	GE社
蒸気凝縮はんだ付法（VPS法）	1973	アメリカ	チュー

今日のマイクロソルダリングは、あの時代のはんだ付につながっている

1.2 はんだ付を制する者は電子工業を制する

　いずれの分野においても、独創的な手法および技術を確立することは、その分野における首位の座を射止めることを意味します。このことは、はんだ付技術においても然りです。

　はんだ付は電子機器の製造に必須の接合技術であり、こてはんだ付などの古くからの伝統的な方法から近年のマイクロソルダリング対応の方法まで、多くのはんだ付技術が適用されています。中でも、現在の実装法の主流になっているBGA法は、電子機器の小型化と軽量化に伴う高密度基板に対応するためのはんだ付法の切り札として広い分野で利用されています。

　BGA法は開発初期には携帯電話用として小規模に適用されていましたが、それを1991年アメリカのコンパック社が世界で最初に高機能パソコンに採用し、新しい実装法として確立しました。これによってコンパック社は製品の低価格化に成功し、それまで生産台数世界第一のパソコンメーカーであったIBM社を抜いて、パソコン市場の占有率を世界一にまで達成することができるようになりました。

　このように、新しい実装法としての新しいはんだ付技術を開発することが、電子機器の高密度実装化に貢献するばかりでなく、生産性にまで大きく影響します。そして、延いては企業の業績までをも左右するようになりました。

　現在、BGA法は高密度実装が可能であり、実装不良の発生が少ないことなどから、産業用から家庭用電子機器のみならず携帯電話機やデジタルカメラなどに至るまで信頼性の高い実装法として広く利用されています。

　まさに、"はんだ付技術を制する者は電子工業を制する"は、現実のこととして証明されています。

＊真に信頼性の高いはんだ付技術を開発することは、電子工業界においてはもちろんのこと、人類の夢でもあり遠からず訪れるであろう宇宙時代になっても重要技術として位置づけられるでしょう。

第1章 はんだ付の意義

主なはんだ付技術および実装法の発展

年	はんだ付に関わる技術および実装法	開発社名
1937	絶縁板へのメタリコン吹着配線法（特許 第119384）	㈱宮田製作所（宮田喜之助）
1953	わが国最初のプリント配線板の実用化	東京通信工業㈱（現 ソニー㈱）
1960年代前半	スルーホール方式プリント配線板の本格採用	
1966	C4（controlled collapse chip connection）法の実用化	IBM社（アメリカ）　L.F.Miller
1967	メニスコグラフ法の開発	フィリップ社（オランダ）
1969	ソルダリングスクールの設立	NASA（アメリカ）
1973	蒸気凝縮はんだ付法（気相はんだ付、VPS）の開発	ウェスタンエレクトリック社（アメリカ）
1980年代後半	表面実装法（SMT）の発展	
1991	BGA実装法の確立	コンパック社（アメリカ）
2006	EU政令RoHS発令。Pbフリーはんだ開発の本格化	EU圏各国　日本　アメリカ

携帯電話機の内部

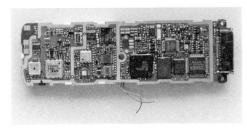

拡大写真

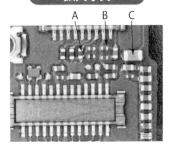

チップの種類　A：0603（0.6×0.3×0.3）
　　　　　　　B：0402（0.4×0.2×0.13）
　　　　　　　C：1005（1.0×0.5×0.5）
チップ間隔　　0.2〜0.3（単位mm）

🔹 **ワンポイント**

最先端技術を制する者は、必ずやその分野で王者となる

1.3 はんだ付は"溶接"として位置づけられる

　接合技術の歴史を遡ってみると、まず、原始時代では、住居や日用雑貨品を組み立てるときに木の枝やつるで縛るような単純で簡単な方法が用いられていたと考えられます。この方法は、現代におけるボルト締めやリベット打ちなどによる機械的締結法の原点にもなっている技術です。

　しかし、接合の方法が1つの技術として確立され、発展するようになったのは、生活の手段としての材料が石や木に代わって金属が用いられるようになってからではないでしょうか。金属が日常生活に導入されるようになれば、必然的に金属と金属とを組み合わせる技術、すなわち接合する技術が求められるようになったと考えられます。

　最初に考えられた金属の接合の方法は、加熱した金属同士を強く叩いて付ける方法、つまり、現在の鍛接法であったと考えられます。次いで、低融点の溶けた金属を接合部に流し込んで付ける方法が考え出され、これがはんだ付の起源になっていると考えられます。

　さて、現代における金属の接合方法にはどのようなものがあるでしょうか。橋梁、船舶、航空機などの大型建造物、自動車、家庭電気製品、空調機などの一般機器、あるいは時計、各種電子機器や精密機器などの製造に広く適用されています。接合法は機械的締結、溶接、接着に大別され、約90種以上もの接合方法が実用に供されています。

　金属を接合するための主要な方法は溶接法であり、それは融接、圧接、ろう接に分類されます。はんだ付はろう接の分野に含まれ、したがって、はんだ付は溶接の一種になります。

　溶接継手部の接合界面様式は融接、圧接、ろう接（はんだ付）とでそれぞれ異なります。はんだ付継手部は母材としての固相と、はんだとしての液相の凝固組織からなり、その界面には一般に合金（固溶体や金属間化合物）が形成されます。

第 1 章　はんだ付の意義

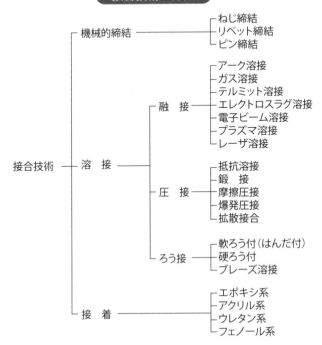

接合技術の分類

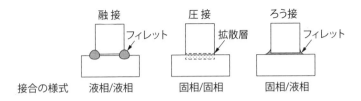

溶接部の接合様式

アーク溶接も電子ビーム溶接も、はんだ付もともに溶接技術

1.4 はんだ付はプリント配線板の実装に不可欠

　プリント配線板は1950年代に開発されて以来、電子機器の小型化、軽量化、生産の自動化に欠かすことのできないものになっており、実装のIC化、LSI化への進展とともにその応用分野は拡大し、その構成も複雑化、多様化されています。

　プリント配線板は配線回路と電子部品から成っており、それらは"はんだ付"によって接合されています。プリント配線板にはんだ付が適用される主な理由として、次のことがあげられます。

　①多数箇所の同時接合が可能
　②低い温度での接合であるため、プリント基板および電子部品に与える熱的損傷が小さい
　③接合部が導電性である
　④確実で信頼性の高い接合が可能になる
　⑤接合部の補修、再接合が容易である
　⑥こて法、浸漬法、リフロー法など多様なはんだ付法が可能である
　⑦はんだ材料および装置が比較的安価であるため経済的である

　これらは他の接合法に見られない大きな特長であり、はんだ付はまさにプリント配線板のためにある接合技術と言っても過言ではありません。はんだ付がプリント配線の実装に不可欠になっているという事実は、その技術が有用性と特異性を有しているとする確かな証になっています。

　プリント配線板が片面配線板、両面配線板、多層配線へと発展するにつれて、その実装法も挿入実装から表面実装、BGA実装へと進歩し、それに対応するための新しいはんだ付法が開発され、実用に供されるようになりました。はんだ付は、プリント配線板と実装法の進歩に深く関わっているのです。

＊プリント配線板の開発は電子工業の発展に一大革命をもたらしましたが、その基本発明と実用化はわが国によって初めて行われました。

第1章　はんだ付の意義

プリント配線板の断面

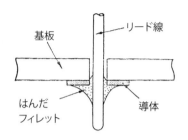

(a) 片面プリント配線板

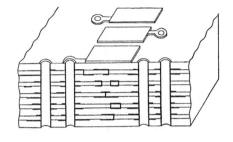

(b) 多層配線板

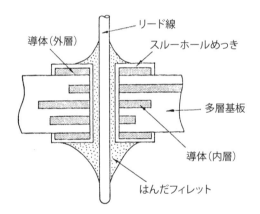

(c) 両面多層プリント配線板

実装法が変わっても、適用される接合技術は常に"はんだ付"

Column

"はんだ"の語源

　はんだ付をも含めたろう接の基本原理は、「接合すべき母材を融かすことなく、その継手すきまに母材よりも融点の低い金属または合金を溶融・流入せしめて接合する」ことです。この場合、継手すきまに充填されるものを「ろう」と言います。

　ろうは、その融点によって大まかに分類されており、融点が450℃以上のものを硬ろう、450℃以下のものを軟ろうと呼んでいます。一般に、硬ろうを用いるろう接法をろう付（ブレージング）、軟ろうを用いるろう接法をはんだ付（ソルダリング）と呼んでいます。

　ろう接あるいはろう付の語源はどこからきたのでしょうか。蠟燭などに使われる蠟は脂肪酸とアルコールとからなる固形エステルであり、低融点の物質ですが、ろう接に使用される「ろう」は金属であって、しかも低融点であることから鑞（ろう）の字が用いられるようになったと考えられます。

　一方、「はんだ」の語源はどこに由来しているのでしょうか。盤陀島、すなわちSnの産地として有名なマレー諸島のバンダ島に由来するとする説、わが国の岩代国（現在の福島県桑折町）の半田銀山の転用であるとする説、あるいは中国語の焊料（はんりょ）、焊鑞（はんらう）が転じたとする説、などがあります。「はんだ」の語源が半田銀山に由来する理由として、半田銀山がSn（スズ）の産地であったことがあげられています。半田銀山は、かつては国内屈指の銀山として栄え、石見銀山（島根県）、生野銀山（兵庫県）とならぶ日本三大銀山に数えられていました。

　ここで、現在では廃鉱になっている半田銀山跡から採取した鉱石を詳細に元素分析した調査結果によれば、Ag、Hg、Pbの含有は顕著であったがSnはまったく確認されなかったとされています。このことから、半田銀山が「はんだ」の語源になったとする説に疑問が呈されています。

＊"はんだづけ"に関わる用語として現在、はんだ、半田、はんだ付、はんだ付け、半田付け、半田付、ハンダ付け、ハンダ付などが使用されています。

はんだ付の基礎
1つの技術には1つの科学がある

2.1 はんだ付現象の科学的解明がなぜ必要なのか

　はんだ付の原理は単純であり、その現象は巨視的には、はんだが母材表面に"ぬれる"ことです。しかし、これを微視的に観察すれば、かなり複雑で、関連する学問分野も多岐にわたっていることがわかります。

　はんだ付が学術研究の対象にされるようになったのは、はんだ付の長い歴史に比べればごく最近のことです。はんだ付は数千年もの長い間使い続けられてきた技術であるとされてきましたが、それに関連する文献は12世紀頃のアラビア人の著書の中にあるのが最古とされています。

　はんだ付は現代では、もはや"付ける"だけの技術ではなく、重要な生産技術になっており、とくに電子工業においては必要不可欠な接合技術になっています。電子機器の多くは、多くの電子部品から成っており、それらの大部分が"はんだ付"によって接合されています。電子機器のはんだ付不良は電子機器そのものの作動不良をもたらします。このことから、接合部が確実に付いていること、つまり信頼されるものであることが何にも増して重要です。

　ここに、はんだ付の信頼性の確立がきわめて重要になり、それを達成するためには、まず、はんだ付を科学的な立場から理解し、その理解の上に立って技術を修得することが大切になります。つまり、はんだ付の現象、はんだ付材料、はんだ付方法、はんだ付の管理および評価法を科学的な観点から追究することが重要になるわけです。

　はんだ付に関与する系は、母材、はんだ、フラックスの3つの要素が基本になっています。はんだ付現象の科学的解明には、はんだ／フラックス、フラックス／母材、の相互の間の反応を理解することが大切であると考えられます。これらのことが達成されて初めて"はんだ付とは何か"、つまり、はんだ付の本質が理解できることになります。

＊はんだ付の現象にはさまざまな科学分野が関与し、総合学問の結集もしくはサイエンスの宝庫と言っても過言ではないほどです。

第2章 はんだ付の基礎

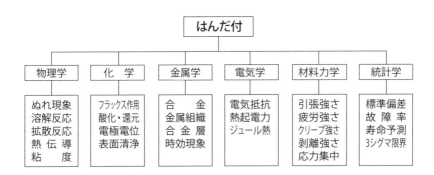

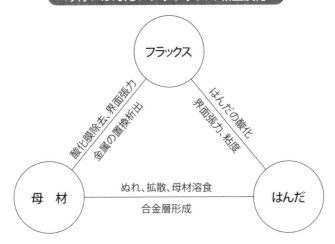

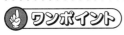
信頼できる技術には必ず科学的な裏打ちがある

2.2 なぜ、はんだが"付く"のか

　はんだ付による接合は、固体（母材）と固体（はんだ）との結合によって得られます。一般に、同種または異種の物質を、ある条件に設定すると互いに結合して離れなくなります。この場合の結合力は物質が金属であるか非金属であるかによって異なり、凝集力ないしは凝集エネルギーから考察されます。凝集エネルギーは物質の結晶原子を無限遠方に引き離すのに要するエネルギーであり、それが大きい物質は一般に強さも大きくなります。

　はんだ付の場合のような異種材（金属）の接合の場合は、母材およびはんだの原子を最大引力原子間距離まで近づけて原子を相互に接合することであり、このことは圧力や熱を加えたり、あるいは溶融状態にすることによって容易になります。

　はんだ付の接合基本原理は接合すべき母材の原子と、はんだの原子との結合を、母材表面に溶融はんだを"ぬらす"ことによって行うことです。したがって、はんだ付においては、ぬれ現象が最も重要になっており、ぬれを伴わないはんだ付はあり得ません。ぬれは、はんだ付にだけ認められる特異な現象ではなく、液体が固体と接する場合に見られる現象です。はんだ付における接合の原理は溶融はんだの母材へのぬれに基づく合金化反応が基本になっています。

　しかし、はんだ付におけるぬれ現象は他の場合と大きく異なっています。つまり、たとえば水がガラスにぬれる場合には、水とガラスとの界面には何も形成されませんが、溶融はんだが母材表面にぬれる場合には、界面がはんだ付の過程で変化します。具体的には、はんだ付の界面で、溶融はんだへ母材が拡散（溶解）したり、合金層が形成されたりします。これらの反応がはんだ付部の結合力（接合力）を左右し、これによって、はんだ付部の機械的性質にも影響するようになります。

＊はんだ付は簡単な技術ですが、その根本には原子の結合というミクロな現象が関わっています。

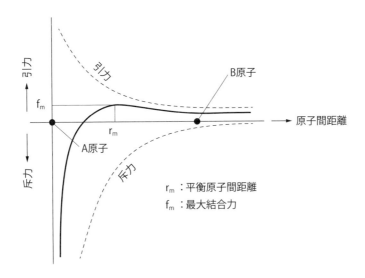

金属結晶の原子間の力が引力だけであるとすれば、結晶は次第に縮むことになりますが、実際にはそのようにはならないのは引力(引き合う力)のほかに斥力(反発する力)が作用するためです。しかも、その斥力は原子間距離が小さくなると急に増大し、ある距離のところで引力と斥力が釣り合い、平衡状態になります。A原子にB原子が近づいてきたとき、両原子の間には引力と斥力とが作用し、引力は原子間距離r_m点で最大になり最大結合力f_mになります

はんだ付の原理は単純だが、その反応は複雑

2.3 はんだ付の命は"ぬれ"と"表面張力"

　はんだ付の基本原理は溶融したはんだを母材の表面に"ぬらす"ことです。ぬれ現象には必ず"表面が"関わるので、はんだ付では母材としての固体の表面と、溶融はんだとしての液体の表面が重要な役を演じることになります。とりわけ、表面に特有な表面エネルギーないしは表面張力がはんだ付の基本現象であるぬれ性と間隙浸透性に大きな影響を及ぼします。

　固体と液体は表面エネルギーを持っています。物質の原子の結合状態は、表面より内部にあるA原子とB原子は周囲の原子と等しく結合しているので、エネルギー的に釣り合った状態にありますが、表面にあるC原子は周囲の原子との結合が満たされていないためにエネルギー的に不釣合いの状態にあります。

　このように、表面の原子は内部の原子に比べて周囲の原子の半数が取り除かれた状態にあるので、それを除去するのに必要なエネルギーに相当するエネルギーが表面に過剰に存在することになります。このエネルギーが表面エネルギーであり、表面が等方的な場合には単位面積当たりの表面エネルギーは単位長さ当たりに作用する張力（表面張力）と数値的に等しくなります。つまり、表面張力は分子間の引力によって表面に発生する一種の張力であり、表面張力および表面エネルギーはそれぞれ N/m、J/m^2 の次元を持っています。溶融はんだの広がり、溶融はんだの間隙への浸透は、はんだ付における基本現象であり、それらの駆動力は表面張力です。

　なお、溶融はんだのような融液（液体）の表面張力を測定する方法として、毛細管中の上昇高さによる方法、最大泡圧力による方法、液体の表面から円環を引き上げる力による方法、静止液滴の形状による方法、細管からの落下液滴による方法などがあります。

＊ 一般的には液体／液体、固体／気体、固体／液体、固体／固体などの異相の境界にも表面張力が存在し、これらを界面張力と呼んでいます。

主な物質の表面エネルギー

固体	温度（℃）	表面エネルギー（mJ/m^2）
Cu	950～1,050	1.43
Au	920～1,020	1.45
Ag	875～932	1.14
Sn	215	0.69
Zn	－196	0.11
ガラス		0.21
食塩		0.15

物質の原子結合状態

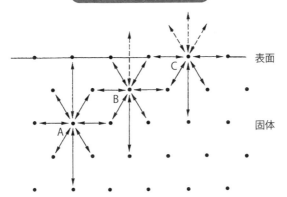

ぬれと表面張力の間柄は切っても切れない

2.4 はんだ付性を知る尺度は接触角

　はんだ付においては"ぬれ"が最も重要であり、一般に、ぬれ性が良いものほど、はんだ付性が良い、と言えます。それでは、ぬれ性が良いか悪いかは、どのようにして判断されるのでしょうか。

　ここで、きれいなガラス板とパラフィン片の上にそれぞれ水滴を落としてみると、ガラス板の上では水滴が薄く広がるのに対して、パラフィン上では球状の塊になります。この2つの例の場合、ぬれの度合い、つまり、ぬれ性が異なっていることが明らかですが、そのぬれの程度を表す尺度として接触角（θ）が用いられます。接触角は水の表面が固体面と交わる点において水面に引いた接線と固体面とのなす角で、水を含む側の角です。その角はガラス板上では約0°であり、パラフィン上では約110°にもなります。この場合、ガラスは水でぬれますが、パラフィンはぬれないと言います。

　これらのことをさらに詳しく見ると、水はガラス面上に広がるのは、水の分子同士の凝集力に比べてガラスと水との間の付着力の方が大きいためです。これに対して、パラフィン上の場合はこれらの関係が反対になるために水滴が球状になります。一般には、$\theta < 90°$の場合を"ぬれる"、$\theta > 90°$の場合を"ぬれない"と言います。

　はんだ付では、これと同じような現象が起こり、母材が固体に、溶けたはんだが液体に相当します。はんだ付におけるぬれは母材の表面状態（酸化膜、汚れ）や、はんだと母材との間の金属学的な反応（拡散、合金化）によって、かなり複雑になります。

　溶融はんだの母材に対するぬれがはんだ付性の評価法の1つになっており、その接触角による評価が直感的にも定量的にも有効です。簡易的には溶融はんだが母材上で広がる面積から評価されます。

＊接触角は液体と固体の相対的な運動によって影響を受け、液体が固体表面を前進または後退するとき、それぞれを前進接触角、後退接触角と言います。

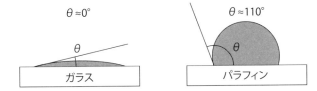

ガラス板およびパラフィン上の水滴

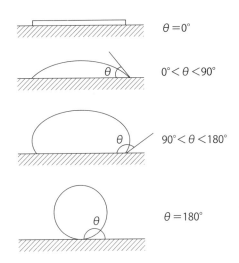

液体の固体表面へのぬれ

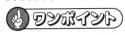 ワンポイント

直感は時として物事の本質をとらえる

2.5 溶けたはんだは狭いすきまに流入する

　はんだ付において溶融はんだが"すきま"に流入する現象、いわゆる間隙浸透性は毛管現象ないしは毛細管現象と呼ばれ、一般には、すきま（間隙）が狭くなれば狭くなるほど著しくなります。

　はんだ付においては、溶融はんだが継手の狭い間隙に短時間に流入することが必須条件であり、これがはんだのぬれ性とともにはんだ付性を左右する重要な因子になっています。はんだ付では適正な間隙（すきま）を設定することが重要になっています。

　間隙の狭い平行な2枚の板の一端を液体に垂直に浸漬すると、毛管現象によって平行2板間を液体が上昇します。この場合、間隙が小さいほど上昇高さが大きくなります。

　しかし、同様のことを実際のはんだ付を模した実験として、液体として溶融はんだを用いて行うと、間隙が小さくなるにつれて逆に溶融はんだの上昇高さが小さくなり、理論値と実測値との差が大きくなる場合があります。その理由として、フラックスの巻き込みや、溶融はんだおよびフラックスの粘性抵抗の増加が考えられ、それらの影響は間隙が小さくなればなるほど大きくなることが考えられます。

　また、はんだ付では毛管現象が巧みに利用されています。たとえば、3種の異なる部材Ⅰ、Ⅱ、Ⅲを組み合わせてはんだ付する場合に、はんだをすべての接合箇所に供給しなくても、ある1カ所にだけ供給して加熱すれば、溶けたはんだが毛管現象によって、A→B、B→C、B→Dへと間隙に浸透し、3種の部材が瞬時に一様にはんだ付されます。つまり、各部材間の間隙が適正に設定されていれば、溶融はんだが一様に浸透するようになります。

　このような現象は、ろう付およびはんだ付にだけ認められる特長であり、他の接合法には認められません。

＊すきまはギャップ（gap）、クリアランス（clearance）とも呼ばれます。

平行2板間隙への液体の毛管上昇

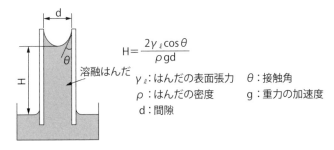

$$H = \frac{2\gamma_\ell \cos\theta}{\rho g d}$$

γ_ℓ：はんだの表面張力　　θ：接触角
ρ：はんだの密度　　　　g：重力の加速度
d：間隙

平行2板間へのはんだ上昇に及ぼす間隙の影響（母材：黄銅）

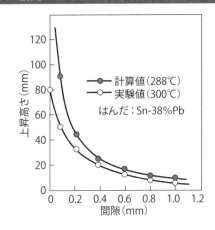

毛管現象によるはんだの流入

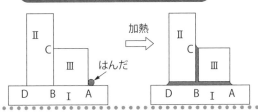

👉 ワンポイント

"すきま"がなければ、はんだ付はできない

2.6 はんだの溶け分かれ現象

　はんだ付の過程でしばしば溶け分かれが発生します。はんだの溶け分かれは、比較的に大きな部材をはんだ付する場合に認められ、はんだ付継手部のはんだ組成（金属組織）がはんだの流入方向に不均一になる現象です。つまり、凝固温度範囲の広いはんだが固相線温度と液相線温度との間で加熱された場合に、その温度における液相成分（主に共晶成分）だけが継手間隙に先行して流入し、高融点成分が取り残される現象です。

　溶け分かれが起こると、はんだ付継手部の金属組織が不均一になり、機械的性質や化学的性質に影響が及ぼされます。共晶合金をはんだとして用いれば、はんだ付における溶け分かれは原則として起こりません。

　凝固温度範囲の広いはんだでは、加熱速度が緩慢であると融点の低い融液（共晶組成）が継手間隙に先行して流入し溶け分かれが起こり、継手部のはんだ組成が不均一になります。これを急速に加熱すれば凝固温度範囲を速やかに通過できるので、溶け分かれは起こりにくくなります。

　共晶合金は融点が低く、溶融と凝固の過程が単純であり、流動性も良いため多くの場合、はんだとして共晶合金が用いられます。

　しかし、拭いはんだ付などの特殊な作業、つまり、広い凝固温度範囲を有するはんだの溶融状態から凝固するまでの凝固時間を利用して鉛管などの継手部を整形する工法（拭いはんだ付）や、はんだペーストを用いてチップ部品をリフローはんだ付する場合、ツームストン現象の発生を防止する目的のために意図的に広い凝固温度範囲を有するはんだを用いることもあります。

　したがって、はんだは共晶合金に限るという固定観念にとらわれずに、使用目的に適した溶融温度を考慮して、はんだを選択することが大切です。

---

* 凝固温度範囲とは合金を溶融状態から冷却した場合に、凝固し始める温度（液相線温度）と全体が凝固し終わる温度（固相線温度）に囲まれた温度範囲です。この温度範囲では液体と固体とが共存し、半溶融状態になっています（第3章 3.4節参照）。

はんだ付継手のはんだ組成

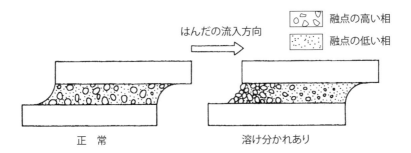

はんだの凝固温度範囲と溶け分かれの関係

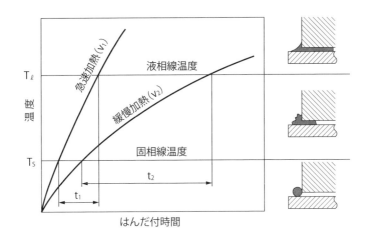

> 💡 **ワンポイント**
> 合金の融解過程はデリケートである

2.7 はんだ付過程でのはんだ溶食(食われ)

　はんだ溶食とは、はんだ付の過程で母材またはめっきの一部が溶融はんだの中に溶け込む現象です。"はんだ食われ"または単に"食われ"とも言います。Ag（銀）が溶食される場合を"Ag食われ"、Au（金）が溶食される場合を"Au食われ"などと言います。はんだ溶食はめっき皮膜や細線などが溶解して消失するため、とくにマイクロソルダリングでは無視できない大きな問題になっています。

　また、はんだごてを長く使用していると、こて先のチップが虫に食われたように凹凸になりますが、これはチップのCu（銅）が溶融はんだに溶食された"Cu食われ"です。

　ところで、物質が"溶ける"の現象には2つの意味があります。1つは加熱されて溶ける場合（融解）であり、他の1つは溶けた物質の中へ溶け込む場合（溶解）です。固体金属が溶融金属に接触すると融点よりも低い温度でも溶け出しますが、この場合は融解（melt）ではなく、溶解（dissolve）を意味します。たとえば、Cuは融点である1,083℃以上に加熱しなければ融解（溶融）しませんが、溶融したSn（スズ）に接触すれば容易に溶融Snへ溶解します。

　はんだ溶食の現象は、液体に固体物質が溶ける溶解反応と同じです。水に食塩を溶かす場合を考えると、固体である食塩が液体である水にそれぞれ飽和濃度になるまで溶けます。はんだ溶食の場合は、液体である水に相当するのが溶融はんだであり、固体である食塩に相当するのが母材としてのCuやAgあるいはAuです。

　食塩水を濃縮すれば、過飽和濃度になり食塩が結晶となって析出しますが、たとえば、Auが溶け込んでいるSn-Pb系の溶融はんだを凝固させた場合には、析出するのはAuではなく、AuとSn、またはAuとPb（鉛）の金属間化合物です。

＊ 固体金属の液体金属への溶解現象は、ネルンスト-ブルナの式から説明されます。

はんだ付における "とける" の意義

"とける" ─┬─ 溶(熔)融・融解(melt)
　　　　　│　　固体(金属)が融点以上に加熱されて液状になる現象
　　　　　│　　・はんだが融点よりも高い温度で溶ける
　　　　　│　　・ロジン系固形フラックスが高温で溶ける
　　　　　│　　・塩化物系固形フラックスが高温で溶ける
　　　　　└─ 溶　解(dissoLution)
　　　　　　　　固体(金属)が液体(溶融金属)に溶け込む現象
　　　　　　　　・Auめっき皮膜が溶融はんだに溶ける
　　　　　　　　・ロジンがアルコールに溶ける
　　　　　　　　・塩化物系固形フラックスが水に溶ける

溶解と凝固の関係

(a) 食塩水の場合

(b) はんだ食われの場合

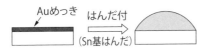

はんだ溶食されたこて先（チップ）

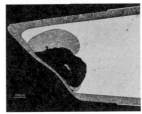

　　外　観　　　　　　　　　断　面

提供：白光㈱

👉 ワンポイント

Au がはんだに食われる。「自然界に貴賎の別なし」は至言

2.8 はんだ付継手に形成される合金層

　はんだ付では、水がガラスにぬれる場合などと違って、溶融はんだが母材に直接に接触するので、両者の間に金属学的な相互反応が起こります。その代表的なものとして合金化反応、つまり合金層（金属間化合物）の形成があげられます。

　合金層が形成されるといっても、その存在は顕微鏡でなければ識別できませんが、それが形成されているか否かによって、はんだ付継手の機械的性質や化学的性質に大きな影響を与えます。

　はんだ付の界面は、
①均一な拡散層（固溶体型合金）が形成される場合
②合金層（金属間化合物）が形成される場合
③拡散層と化合物層とが形成される場合
に大別されます。

　固溶体型拡散層は、はんだの原子が母材の原子位置に入れ替わったり（置換）、あるいは母材結晶格子の間にもぐり込んだり（侵入）して、その界面近傍がはんだの原子と母材金属結晶格子が不規則に、かつ均一に混じり合った状態です。

　合金層は、拡散したはんだの原子と母材金属の原子が、新しく一定の結晶格子を持った原子配列に再配列した状態です。合金層は一般に拡散法則に従って、加熱時間の平方根に比例（放物線則）し、加熱温度の上昇とともに拡散係数の平方根に比例して成長します。

　また、合金層は固体金属と液体金属とが反応する場合にだけ形成されるのではなく、固体金属と固体金属との反応によっても形成されたり、成長したりします。このようなことから、健全なはんだ付継手であっても、その使用環境が高温であると合金層が発達し、その界面から破断するという故障事故に見舞われるようになります。

はんだ付界面の原子の拡散状態

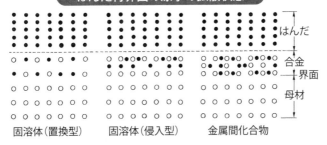

固溶体（置換型）　　固溶体（侵入型）　　金属間化合物

はんだ付継手の合金層成長に及ぼす環境温度の影響

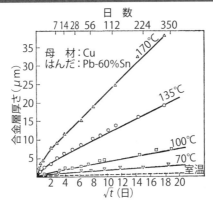

はんだ付界面の合金層

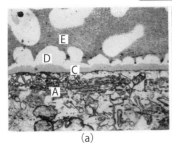
(a)

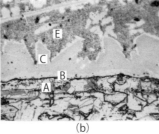
(b)

固体Cuと溶融Snとの間に形成される金属間化合物
(A：Cu, B：δ相, C：ε相(Cu_3Sn_5), D：η相(Cu_6Sn_5), E：Sn)
　反応温度
　(a) 370℃,
　(b) 470℃

 ワンポイント

はんだ付継手には合金層の形成が付きもの

2.9 はんだ付界面に発生するボイド

　ボイドとは空洞を意味し、はんだ付界面にしばしばカーケダル効果によるボイド、いわゆるカーケンダルボイドが形成されます。

　カーケダル効果とは、1947年にカーケンダルによって発見された拡散に関する実験結果です。つまり、金属Aと金属Bが接している拡散対において、AのBに対する拡散係数D_Aと、BのAに対する拡散係数D_Bが異なるとする現象です。具体的には、a黄銅(7/3黄銅)と純Cu（銅）を拡散対として高温で反応させると、Cuへ拡散するZn（亜鉛）の原子数と、黄銅へ拡散するCuの原子数が同数でなく、Cuへ拡散するZnの原子数が多くなります。言い換えれば、Zn原子の方がCu原子よりも拡散が速いことを意味します。実験結果によれば22.5% Znの黄銅の場合、それぞれの拡散係数は、

$$D_{Cu}: 2.2 \times 10^{-9} \mathrm{cm}^2/\mathrm{sec}$$
$$D_{Zn}: 5.1 \times 10^{9} \mathrm{cm}^2/\mathrm{sec}$$

となり、さらに拡散によって質量の移動があったことを意味します。

　質量が移動するということは拡散機構が原子空孔型、つまり結晶中に存在する原子空孔に隣接する原子が移動する機構の拡散であることを暗示しています。原子空孔型拡散では空孔（結晶中に存在する孔で、結晶欠陥の1つ）が集まってできる小さい空洞が顕微鏡下で観察されるようになりますが、この空洞は拡散の速い原子の金属側に生じます。したがって、Cuとa黄銅の組合せでは空洞は黄銅側に生じます。

　ここで、はんだ付継手部を高温で長時間反応させると、界面の合金層にたくさんの空洞が観察されるようになります。これは合金層としての金属間化合物と、母材のCuとの拡散によって生じたカーケンダルボイドです。合金層にカーケンダルボイドが多く生じると、その機械的強さが小さくなり、継手部の機械的強さに影響するようになります。

＊ Sn基はんだ/Cuでは$D_{Sn} < D_{Cu}$であるためボイドはCu側に生じます。

カーケンダルの実験

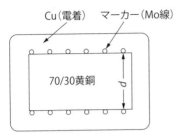

実験結果

785℃に保持した時間（日）	マーカーの移動（mm）
0	0
1	0.015
3	0.025
6	0.036
13	0.056
28	0.092
56	0.124

Cu/Sn 接合部の合金層内に形成されたカーケンダルボイド

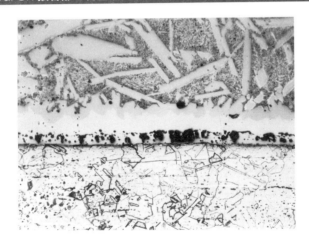

ボイドの形成は拡散が行われたことの証

2.10 はんだ付継手に発生する熱起電力

はんだ付継手部に発生する熱起電力は、精密電子計測器に思わぬ測定誤差をもたらす場合があります。

熱起電力とは2種の異なる金属 A、B をその両端同士を接合して回路をつくり、その2つの接合部に温度差を与えたときに、その回路に発生する起電力です。これはドイツの物理学者ゼーベックが実験的に発見した現象です。

それでは、なぜ、はんだ付継手部に熱起電力が発生するのでしょうか。はんだ付継手部は母材とはんだとの異種金属接触点と見なすことができます。そのため、はんだ付継手近傍に温度差があれば熱起電力が発生するようになります。

たとえば、プリント配線板回路のはんだ付の継手部と継手部との間に温度差がある場合には、熱起電力が発生するおそれが出てきます。Cu母材をSn-40％Pbではんだ付した場合、10℃の温度差で約 $30\mu V$ の熱起電力が発生します。発生する起電力は微小であっても、精密電子測定器にとっては誤測定の原因になりかねません。

このようなことから、精密電気測定機器のはんだ付には熱起電力発生の小さいはんだが要求されるようになります。発生する熱起電力は当然、はんだと母材の種類の組合せによって変化しますが、電子機器のはんだ付では対象となる母材は大部分がCuであるので、Cuに対する熱起電力の発生を考慮すればよいことになります。Sn-Pb系はんだとCuとの間に大きな熱起電力が発生し、精密測定機器においては測定誤差の発生が懸念されます。

Cuに対する熱起電力の発生は、Cd-Sn系はんだを使用することによって小さくすることができ、Cd-25～30％Snはんだでほぼゼロになることが知られています。

＊ 熱起電力の原理は熱電温度計に応用され、Pt/Pt-Rh、Cu/コンスタンタン、クロメル/アルメルなどの2種の金属を組み合わせた熱電対が用いられます。両端を接合した熱電対の間に生ずる熱起電力から温度が求められます。

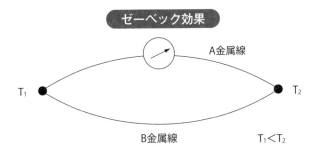

ゼーベック効果

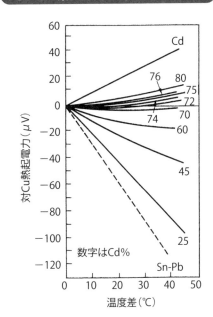

Cd-Sn系はんだの対Cu熱起電力

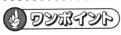

重要な現象は身近な環境に隠れている

2.11 はんだ付継手部の腐食

　金属の腐食には大きく分けて2つの形態があります。1つは化学的腐食であり、他の1つは電気化学的腐食です。はんだ付においては両形態の腐食が発生します。

　化学的腐食は金属自体が置かれた環境の成分と反応して化合物に変わる腐食であり、腐食の大半がこれに属しています。湿気の多い環境のもとでは母材やはんだが直接に腐食され、Cu（銅）母材に発生する緑青や、はんだ表面に生成される炭酸鉛などがその例です。

　電気化学的腐食は、接触している異種の金属または合金がそれらの電極電位差に基づいて発生する腐食です。つまり、異種金属または合金を接触させて溶液に浸すと、その溶液中での電極電位の低い方の金属または合金がアノードとなって溶け出します。この現象はガルバニー腐食または接触腐食と呼ばれます。

　電極電位は金属がイオンになることの容易さを示し、いわゆるイオン化傾向と深い関係にあり、その傾向が大きい金属がアノードとなり、それらを大きい順に並べたものがイオン化傾向列です。それらの2種の金属が接触した場合にアノード側に位置する金属が腐食されます。たとえば、Al（アルミニウム）とSn（スズ）が接触している場合はAlが、SnとAg（銀）が接触している場合はSnが、それぞれ腐食されます。

　この現象は金属材料の防食にも応用されます。Snめっき鋼板（ブリキ板）やZnめっき鋼板（トタン板）がその例であり、それぞれSn、Znを犠牲的に腐食させることによって鋼板の腐食を防止するものです。

　はんだ付継手は母材とはんだとの異種金属の接合点と見なされることから、腐食環境によってはガルバニー腐食が起こります。Alのはんだ付継手部に合金層が形成される場合、その電極電位が母材やはんだよりも著しく低下し、合金層のみが選択的に腐食されます。

＊腐食は鉱石から金属を得るために費やされたエネルギーの大きな損失を意味します。

主な金属材料の腐食電離例（海水中）

低電位（アノード側）

Mg, Mg合金	18-8ステンレス鋼（活性）	Agろう
Zn	Pb	Ni（不働体）
Al-Mg合金	Sn	インコネル（不働体）
Al-Mn合金	黄銅（40%Zn）	モネル
Al	Ni（活性）	13 Crステンレス鋼（不働体）
Al-Mg-Si合金	インコネル（活性）	Ti
Cd	黄銅（30%Zn）	18-8ステンレス鋼（不働体）
軟鋼	Al青銅	ハステロイC（不働体）
鋳鉄	Cu	Ag
13Crステンレス鋼（活性）	Cu-Ni合金	Au
はんだ（Sn-Pb）	青銅	Pt

高電位（カソード側）

イオン化傾向列

K・Na・Ca・Mg・Al・Zn・Fe・Ni・Sn・Pb・(H)・Cu・Hg・Ag・Pt・Au

はんだ付継手の選択腐食

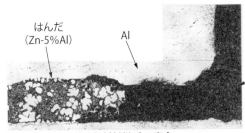

Alはんだ付継手の腐食
腐食液：3%食塩水

 **ワンポイント**

金属の腐食は自然界の常、社会にも腐敗がある

2.12 活性化エネルギーがはんだ付現象にも関与する

　物質系が1つの平衡状態から他の平衡状態に移る場合には、ポテンシャルエネルギーの高い状態を通過しなければなりません。この高いポテンシャルエネルギーと最初の平衡状態におけるエネルギーとの差 Q を活性化エネルギーと言います。

　具体的な例として、縦に立てた積み木のような直方体の箱 (a) を倒して安定な位置 (c) にするためには、重心の位置が高くなる (c) の状態を必ず経なければなりません。つまり、平衡状態から安定状態に移る場合には、いったん高いエネルギーの状態 (c) を経なければならないことを示しています。

　このように、途中のエネルギーの高い状態を活性化された状態と言い、この状態のエネルギーと初めの状態のそれとの差が活性化エネルギーです。(a) 点を初めのエネルギー状態、(c) を終わりの状態とすれば、(b) は活性化された状態にあり、$ΔE$ が活性化エネルギー Q になります。

　このような考え方は化学反応についてアレニウスによってもたらされました。

　活性化エネルギーは反応の起こりやすさの尺度でもあり、その値が小さいほど反応が起こりやすいことを意味します。はんだ付現象についても活性化エネルギーの観点から調べられており、はんだの広がり性、合金層成長、はんだ溶食のための活性化エネルギーが求められています。一例として、はんだ溶食に及ぼす Ag 入りはんだの効果を見ると、はんだへの Ag の溶解速度恒数と 1/T（絶対温度の逆数）の関係（アレニウスプロット）において、その勾配が Q/R（気体定数）で示され、Ag 入りはんだの勾配が Ag を含有しないはんだのそれより大きくなることがわかります。このことから、Ag 入りはんだの溶食に対する活性化エネルギーが Ag を含まないはんだよりも大きくなります。このことは Ag 入りはんだによる溶食が小さいことを意味し、Ag 入りはんだを使用することで Ag 母材の溶食が防止されることがわかります。

活性化エネルギーの概念図

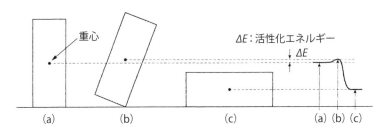

Ag溶食における溶解速度の温度依存性

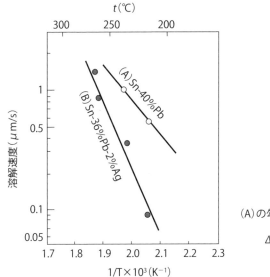

(A)の勾配＜(B)の勾配
↓
$\Delta E_{(A)} < \Delta E_{(B)}$

人生にも越えなければならない山がある

2.13 ソルダペーストのレオロジー特性

　レオロジーとは、物質の変形と流動性の現象を取り扱う学問であり、一般に粘性、可塑性、チキソトロピー、弾性、粘弾性などが対象分野になります。

　ここで、チキソトロピーとは、温度を変えずに単に物理的衝動を与えることによってゲル（膠質物質が凝固している状態）と、ゾル（膠質物質が液状になっている状態）が互いに可逆的に変換する現象であり、揺変性とも言います。

　たとえば、酸化鉄ゾルに食塩を加えると、凝結する前にゾルが著しく粘性を増してゲル状に固まりますが、これを攪拌すると液状のゾルとなり、放置すると再びゲル状になります。

　チキソトロピー物質は時間の経過とともに粘度が変化する性質を持っているために、はんだ付における実用上の問題として、ソルダペーストの印刷特性に対する影響があります。ソルダペーストをヘラなどで攪拌し続けると、徐々に軟らかくなって粘度が小さくなりますが、これを放置すると再び粘度が大きくなります。ソルダペーストのこのような挙動を示すのは添加されているチキソ剤によるものであり、印刷性と、印刷直後のダレ分離防止に有効に作用します。チキソ剤として硬化ひまし油（ヒマ硬）などが用いられます。

　このように、ソルダペーストのチキソトロピーは印刷時に流動状となって流体的にふるまい、印刷後は硬くなることから、ソルダペーストのプリント基板への供給に関して重要な特性になっています。

　ソルダペーストはレオロジー的性質を持っている粘性体ですが、粘度のみならず、チキソトロピーなどのさまざまな性質を持っている複雑怪奇な得体の知れない材料です。その性質が最先端の実装技術に巧みに活用され、高機能はんだ材料として利用されています。

＊ 室温に放置されたソルダペーストを攪拌するとき、最初は粘性が高いため大きな力が必要になりますが、攪拌速度を大きくするにつれて小さな力でも攪拌できるようになります。この挙動がチキソトロピーです。

ソルダペーストの測定

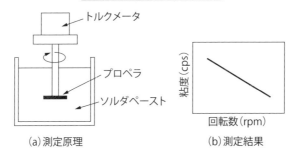

(a) 測定原理   (b) 測定結果

ソルダペーストのチキソ性

提供：㈱日本フィラーメタルズ

ソルダペーストの印刷直後の状態

(a) 良

(b) 不良（だれ）

 ワンポイント

ソルダペーストは時にゲルとして、時にゾルとして作用する

2.14 はんだの力学特性が硬さ試験から予測できる

　材料の性質を調べるためには、その物性を知ることが大切であり、とくに"強さ"に関してはヤング率やポアソン比などの力学的特性を把握することが重要になります。

　一般に、ヤング率やポアソン比などの力学的特性は引張試験によって求められ、鉄鋼材料をはじめ多くの金属材料について調べられています。これらの力学的特性は軸応力（δ）、軸方向のひずみ（ε）、横方向のひずみ（ε'）を測定することによって求められます。つまり、ヤング率 E は $\delta = E\varepsilon$ から、ポアソン比 ν は $\nu = |\varepsilon'/\varepsilon|$ からそれぞれ求められます。

　しかし、はんだ合金のように引張荷重によってクリープ変形を伴うような粘弾性材料、つまり粘性的性質と弾性的性質とを併せ持つ材料では応力とひずみの関係が比例しないため、引張試験法を適用することは必ずしも適切ではありません。

　ここで、ビッカース硬さ試験のような押し込み硬さ試験からヤング率を求めることができます。この方法はニックスによって提案されたものであり、圧子に負荷を与えながら試験片に押し込んだ場合の押し込み荷重と押し込み深さの関係から求める方法です。

　まず、負荷の過程では押し込み荷重を圧子の接触面積で除した値が"硬さ"であり、荷重を一定に保持された過程では押し込み深さの時間依存性を示す"クリープ"状態になります。

　次に、除荷の過程では圧子が試験片の弾性力によって押し返される状態であるので、除荷過程の曲線から試験片の弾性特性が求められるようになります。つまり、除荷曲線の勾配からヤング率が求められます。

　はんだ合金のような粘弾性材料は圧子押し込み試験において、荷重の負荷と除荷の過程で特異な挙動を示すため、はんだ合金の力学特性が硬さ試験という簡単な手法で簡便に求めることができます。

押し込み硬さ試験の原理（ビッカース硬さ HV）

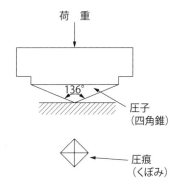

$$HV = \frac{N}{S}$$

N：試験荷重(N)
S：永久くぼみ表面積(mm²)

圧子による押し込み荷重曲線

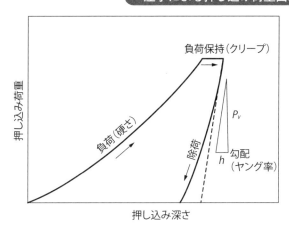

$$\frac{dP_v}{dh} = \beta E^* \sqrt{A}$$

$$\frac{1}{E^*} = \frac{1-\nu_0^2}{E_0} + \frac{1-\nu^2}{E}$$

β：圧子形状に依存する定数
S：接触面積
E^*：合成ヤング率
E_0：圧子のヤング率
ν_0：圧子のポアソン比

👉 **ワンポイント**

簡単な事象から思いもよらない大きな真実が導き出される

Column

福沢諭吉もはんだ付を研究していた

　福沢諭吉は江戸時代末期から明治時代かけて活躍した啓蒙的洋学者であり、幼年時代を故郷の豊前中津藩で過し、後に大坂の緒方洪庵の適塾で蘭学を学びました。適塾では塾長を務めるなどして大いに蘭学を修得しましたが、驚くべきことに、はんだ付用の溶剤、つまり、フラックスの研究をしていたことが自叙伝『福翁自伝』に記されており、次のような一文が載せられています。

　「‥‥化学の道具にせよ、どこにも揃ったものはありそうにもしない。揃うた物どころではない、不完全な物もありはせぬ。けれどもそういう中に居ながら、器械のことにせよ化学のことにせよ大体の道理は知っているから、如何にして実地を試みたいものだというので、原書を見てその図を写して似寄りの物を拵えるということについては、なかなか骨を折りました。私が長崎に居るとき、塩酸亜鉛があれば鐵にも錫を附けることが出来るということを聞いて知っている。それまで日本では松脂ばかりを用いていたが、松脂では銅の類に錫を流して鍍金することは出来る。唐金の鍋に白みを掛けるようなもので、鋳掛屋の仕事であるが、塩酸亜鉛があれば鐵にも錫が着くというので、同塾生と相談してその塩酸亜鉛を作ろうとしたところが、薬店に行っても塩酸のある気遣はない。自分でこしらえなければならぬ。塩酸をこしらえる法は書物で分かる。その方法に依って何やら斯うやら塩酸を拵えて、これに亜鉛を溶かして鐵に錫を試して、鋳掛屋の夢にも知らぬことが立派に出来たというようなことが面白くて堪らぬ。‥‥」

　薬品も実験器具も満足になかった時代に、苦労しながらも、楽しみながら実験研究に励んでいた様子がよくわかります。明治時代の先駆者たちの旺盛な研究心と、何事にも挑戦しようとする意気込みがひしひしと感じられます。

＊ 塩酸亜鉛は $ZnCl_2$ のこと。鋳掛屋は Cu や Fe 器の漏れを修理する業者。

第3章

はんだという電子材料

はんだは合金である

3.1 はんだの選定が重要

適切なはんだを選定するためには、はんだ自身の諸性質を把握しておくことが必要です。はんだを選定するための基本要素として、次のことがあげられます。

①溶融温度（液相線温度、固相線温度、上限温度、下限温度など）
②機械的性質（高温強さ、低温強さ、疲労強さなど）
③電気的性質（導電性、熱起電力など）
④母材との金属学的反応（合金層形成、はんだ溶食など）

この中ではんだが溶ける温度、つまり溶融温度が最も重要な要素です。はんだ付すべき部品の熱的特性と、その使用環境に応じて決定づけられる上限温度（T_U）と下限温度（T_L）を満足するはんだを選ばなければなりません。上限温度とは、半導体のようなはんだ付部品の性能が損なわれないための上限の温度であり、下限温度とは、はんだ付継手部（はんだ付された電子機器）が置かれる使用環境温度の上限界です。

当然のことながら、使用されるはんだの固相線温度（t_s）は下限温度よりも高く、液相線温度（t_l）は上限温度よりも低くなければなりません。なぜなら、はんだの固相線温度が T_L よりも低ければ、はんだ付継手部が電子機器の稼動環境温度下で溶け落ち、またはんだ付作業温度が T_U よりも高ければ、はんだ付の工程で電子部品の性能が損なわれてしまうからです。はんだの液相線温度（t_l）、固相線温度（t_s）、T_U、T_L、はんだ付作業温度の上限（t_o）の間には次の関係が満たされなければなりません。

$$T_U > t_o = t_l + \Delta t \quad T_L < t_s$$

さらに、機械的性質に及ぼすはんだの影響について注意すべきことは、はんだ自身の強さとはんだ継手部の強さとは必ずしも一致しないことです。はんだ付継手の強さは、継手隙間に起因する力学的な応力状態や母材と、はんだとの間の合金学的な反応によって大きく影響されます。

はんだ付における上限温度（T_U）と下限温度（T_L）の関係

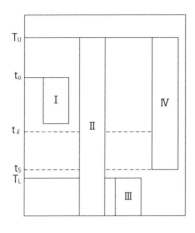

$T_U > t_o = t_\ell + \Delta t$

t_ℓ：はんだの液相線温度
t_S：はんだの固相線温度
T_U：適用するはんだの上限温度
T_L：適用するはんだの下限温度
t_o：はんだ付温度の上限
Ⅰ：はんだ付作業の温度範囲
Ⅱ：はんだ付部品の性能保持温度範囲
Ⅲ：はんだ付部材の使用環境温度範囲
Ⅳ：適用はんだの溶融温度範囲

はんだ付継手（突き合わせ）の引張強さに及ぼす間隙の影響

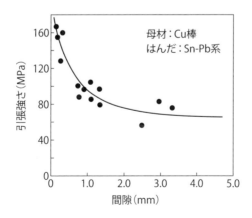

はんだの融点、強さなどの性質がはんだ付のすべてを決する

3.2 はんだの純度が大切

　近年のマイクロエレクトロニクスにおいては、はんだに含まれる不純物の影響が大きな問題になっています。しかも、ごく微量の不純物が重大な影響を及ぼすようになっているだけに厄介な問題になっています。

　はんだに不純物が混入する機会として、次のことがあげられます。
　①はんだの原材料
　②はんだの製造工程
　③はんだ付の工程

　原材料からの不純物の混入は、純度の高い原料素材の地金を用いれば避けることができます。電子工業で使用される通常のはんだには純度が99.9％以上の地金から製造され、マイクロソルダリングにおけるダイボンディングやパッケージのシーリング用のはんだには99.99％以上の純度のものが用いられ、さらに99.999％の高純度のものが用いられる場合もあります。

　はんだの製造工程からの混入は、はんだの溶解および加工の際に起こります。はんだを溶解するときに混入する不純物は、使用される坩堝から主にもたらされます。また、はんだの溶解を湿った空気中で行うと、溶けたはんだの中に大気中の水分や空気がわずかながら溶け込みます。このようなはんだが使用されると、はんだ付継手部にボイドやピンホールなどの欠陥を生じやすくなります。はんだを線や箔などに加工するときに混入する不純物は、表面の汚れや表面酸化によるものが主な要因になっています。このため、溶けたはんだを急冷することによって線や箔に直接加工する急冷凝固法で行われる場合もあります。

　はんだ付工程での不純物の混入は、主として浸漬はんだ付で問題になります。はんだ付の工程で溶融はんだ浴の中に、はんだ付部材であるリード線やめっき金属が溶解（溶食）し、それが不純物となって蓄積されます。

＊Pbを含むはんだでは、UやThなどの放射性元素の不純物が問題になります。

Sn-Pb系はんだに許容される不純物（JIS Z 3282）

不純物 \ 等級	S級	A級	B級
Sb（アンチモン）	0.10 以下	0.30 以下	1.0 以下
Cu（銅）	0.03 〃	0.05 〃	0.08 〃
Bi（ビスマス）	0.03 〃	0.05 〃	
Zn（亜鉛）	0.002 〃	0.005 〃	その他
Fe（鉄）	0.02 〃	0.03 〃	0.35 以下
Al（アルミニウム）	0.002 〃	0.005 〃	
As（ヒ素）	0.03 〃	0.03 〃	
Cd（カドミウム）	0.002 〃	0.005 〃	0.005 以下

(%)

Sn、Pb、Sn-50%Pbへのガス溶解度（ppm）

	Sn	Pb	Sn-50%Pb
O_2	1.8（536℃）	5〜10（350〜400℃）	
H_2	0.03（1,000℃）	0.11（425℃）	0.06（425℃）
N_2	極微量	0.07（425℃）	0.77（425℃）

Sn-Pb系はんだに含まれる不純物の影響

不純物（%）	はんだ付性	機械的性質
Sb（アンチモン）	流れ性低下	もろくなる
Bi（ビスマス）		もろくなる
Zn（亜鉛）	流れ性低下	
Fe（鉄）		
Al（アルミニウム）	流れ性低下	もろくなる
As（ヒ素）		もろくなる
Cd（カドミウム）		もろくなる
Cu（銅）	流れ性低下	もろくなる
Ni（ニッケル）	ぬれ性低下	

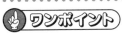

不純物は嫌われる

3.3 融点が450℃近傍のはんだがなぜ存在しないのか

　はんだ付をも含めたろう接の基本原理は"接合すべき母材を溶融することなく、その接合間隙に母材よりも低い融点の金属または合金を溶融・流入させて接合する"ことです。はんだ付においては、はんだの物性、とりわけ融点が重要な因子になっています。

　また、接合間隙に充填されるものを"はんだ"および"ろう"と称します。当然のことながら、ろうおよびはんだは母材よりも低い融点を有していることが絶対条件になっており、それらは融点によって大まかに2つに分類されます。ISO（国際標準化機構）では融点が450℃以下のものを軟ろう（soft solder）、450℃以上のものを硬ろう（hard solder、brazing filler metal）と定めており、それらのろうを用いるろう接法をそれぞれ軟ろう接（soldering）および硬ろう接（brazing）と呼んでいます。したがって、ろう付/はんだ付の分岐点は450℃と言えます。わが国の規格もISOの規格に準じています。

　ところで、はんだとしては純金属が用いられることは少なく、一般には合金が用いられます。合金は2種類以上の金属からなり、共晶型合金、固溶体型合金、金属間化合物に分けられますが、はんだ付過程でのぬれ性や流れ性などの観点から、はんだとしては一般には共晶合金が用いられます。

　実用に供されているろうおよびはんだの溶融温度範囲を見ると、450℃近傍の融点を有するはんだおよびろうが存在しないことがわかります。つまり、融点が450℃近傍の共晶組成の合金系が合金学的な観点からも存在しないことを意味しています。

　逆に、このことが、軟ろうと硬ろうを区別する温度を450℃と定めた理由になったと考えられます。

＊母材上にめっきまたはクラッドしたA金属とB金属を拡散処理し、目的の組成のはんだを生成することで接合する、いわゆる拡散反応はんだ付法があります。

第3章 はんだという電子材料

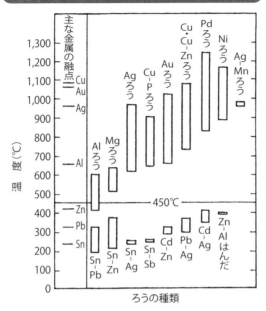

主な「はんだ」と「ろう」の溶融温度範囲

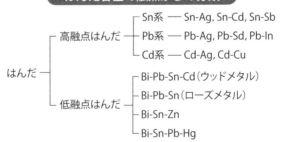

はんだ合金の融点からの分類

融点が450℃のろうを開発すれば"蔵が建つ"と言われている

3.4 はんだの合金学からの理解が必須

　はんだ付の基本原理は、はんだとしての固体合金を溶融して、それを継手間隙に流入せしめ、最後にそれを凝固させて再び固体合金にすることです。したがって、金属学的には合金の"融解"と"凝固"が基本になっています。

　合金の融解と凝固について理解するためには状態図からの検討が必須です。状態図とは、ある組成の合金が、ある温度でどのような状態にあるのかを図示（横軸に成分組成、縦軸に温度）したものです。

　代表的な二元系共晶型合金の状態図において、aE、bE を液相線、aP、PEQ、bQ を固相線と呼び、それぞれの温度を液相線温度、固相線温度と呼びます。△aPA、△bQB の領域はそれぞれ$α$固溶体、$β$固溶体と呼ばれ、それぞれ A に B が、B に A が固溶したもので、P、Q はその最大固溶限を示しています。いずれの組成においても液相線よりも高い温度では液体に、固相線よりも低い温度では固体に、それらの中間の温度である△aPE と△bQE の領域では液体と固体が共存する半溶融状態になります。

　このように、合金には単体金属と異なって、液相線温度と固相線温度が存在するので、はんだの融点を表示するためには、そのいずれであるかを明確にする必要があります。はんだ付は特殊な場合を除いて、はんだが完全に溶融する液相線温度以上で行われます。

　実際のはんだ付作業のように固体のはんだ合金を加熱して融解する場合は、X、Z の組成では固相線温度 PEQ で溶け始め、液相線温度 l_X および l_Z でそれぞれ完全に溶融します。Y の組成では共晶温度 S_E で瞬時に溶融して液体（溶融合金）になります。

　このように、X、Z の組成のものには $S_E \sim l_X$、$S_E \sim l_Z$ の凝固（溶融）温度範囲が存在し、これが実際のはんだ付作業における溶け分かれや動揺による凝固異常の発生原因になります。

＊はんだの融点、溶解・凝固過程および金属組織の理解がとりわけ重要です。

第3章　はんだという電子材料

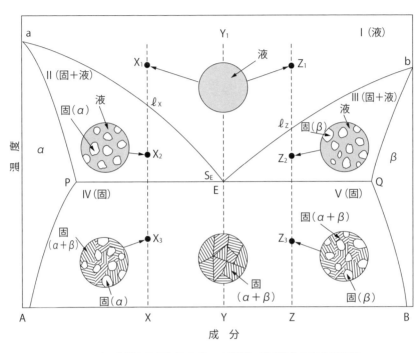

A-B系二元共晶合金の状態図と金属組織

a、b：金属A、Bの融点。P、Q：α固溶体、β固溶体の最大固溶限
E：共晶点。S_E：共晶温度。aE、bE：液相線。aPQb：固相線

融　点：物質の溶融が無限に緩慢に行われるときの温度であり、固相と液相が平衡
　　　　を保って共存し得る温度
固溶体：固体の中に他の固体が原子的に溶け合った状態のもの
共晶点：溶融状態の合金から2つ以上の成分が同時に晶出する点（温度）、または2つ
　　　　以上の成分からなる固体合金が同時に溶融する点（温度）
液相線：液相のみが存在する領域と、固相・液相が混合する領域との境界線であり、
　　　　液相が冷却されて凝固が開始する温度
固相線：固相・液相が混合する領域と固相領域との境界線であり、固相が加熱され
　　　　て融解が開始する温度

 ワンポイント

はんだ合金の融解および凝固特性を知ることが大切

3.5 はんだとして共晶合金が使われる

　合金はその金属組織状態から、固溶体、共晶、金属間化合物に分類されますが、はんだとして用いられる合金は多くの場合、共晶合金です。

　共晶合金とは、たとえば二元合金において、固相Aと固相Bが一定温度で液相Lになる、または逆に液相Lが一定温度で固相Aと固相Bになるような融解または凝固反応を示す合金です。つまり、

$$液相L \Leftrightarrow 固相A + 固相B$$

の反応を示す合金です。共晶合金がはんだとして用いられる理由として、次のことがあげられます。

　①融点が低い

　②融解温度・凝固温度が一定であり、凝固温度範囲が存在しない

　③溶融状態での流動性が良い

　融点が低いことの利点は、はんだ付の原理が母材よりも低い融点のはんだを接合部に流入させることなので、その目的に合致しています。ただしはんだを選択する場合には、上限温度と下限温度が考慮されねばならないため、単に融点が低ければよいというわけにはいきません。

　融解温度・凝固温度が一定であることの利点は、はんだが一定温度で瞬時に溶けるので、はんだ付性が良く、はんだ付後の振動や動揺によるはんだ付不良の発生がないことがあげられ、さらに、溶け分かれが起こらないことです。

　このように、共晶合金ははんだが具備していなければならない条件を満たしており、実用に供されているはんだはほとんどが共晶合金です。中でも、Sn-Pb系共晶合金であるSn-38%Pb共晶はんだが過去から現在まで最も多く使用されてきました。

　しかし、環境汚染の問題からPbの使用が禁止されたことにより、特別な場合を除いてSn-Pb系はんだが使用できなくなりました。

＊共晶（eutectic）は"溶けやすい"の語源に由来しています。

代表的な共晶はんだの組成と共晶温度

NO.	成分 (%)								共晶温度 (℃)
	Sn	In	Zn	In	Bi	Al	Ag	Au	その他	
1	61.9								Pb 38.1	183
2	96.5						3.5			221
3	90							10		217
4	20							80		280
5	42				58					139
6	91		9							199
7			95			5				382
8	48	52								117
9								94	Si 6	370
10								88	Ge 12	356

Sn-Pb 系共晶はんだの金属組織

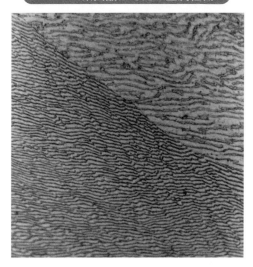

共晶は液相(L)⇄固体(A)+固体(B)の反応によって生成する合金であり、その金属組織は多くの場合、層状(lamellar)や粒状(globular)を呈す

共晶合金の組成には特異な性質がある

3.6 はんだ合金の三元系状態図

　はんだとして二元系合金が多く用いられますが、三元系や四元系などの合金も用いられます。二元系状態図では横軸に組成、縦軸に温度をとって示すが、三元系合金を同様な手法を用いると3次元の立体図になり、複雑で見にくくなってしまいます。そのため、三元系状態図では、正三角形の中に状態を描き込む手法がとられます。

　まず、三元系合金の組成を3つの成分金属 A、B、C を頂点とする正三角形内の1カ所の点で表すことができます。この三角形を組成三角形と呼び、二元系合金 AB、BC、CA の組成はこの三角形の各辺上に与えられます。三角形内の1点 P を通り、三辺 AB、BC、CA に平行な直線を引くと一辺の長さがそれぞれ a、b、c の3つの正三角形が得られ、

$$a + b + c = AB = BC = CA$$

となります。組成三角形の一辺を100%にとれば、

$$a + b + c = 100\%$$

ですから、P 点の組成は A が a%、B が b%、C が c% となり、三元合金の組成が与えられます。

　次に、三元系合金の温度は、正三角形を底面とした立体形の各稜上に A、B、C の融点をとり、各辺には二元系合金 AB、BC、CA の状態図を描いて示します。

　Sn-Bi-Pb 系三元系合金について考えると、E_1 (124℃)、E_2 (183℃)、E_3 (136℃) はそれぞれ Bi-Pb、Pb-Sn、Sn-Bi 系二元共晶点であり、E_0 (96℃) は Sn-Bi-Pb 系三元共晶点です。各曲面は液相線温度を表しており、この立体図を平面状に投影したものが三元系合金状態図です。たとえば、A 成分の合金は A 点から AB に沿って Bi を析出し、B 点から BE_0 に沿って Bi と Sn とを析出し、E_0 点において Bi と Sn と Pb とを析出し、三元共晶となります。

＊三元合金状態図は、各成分の間に化合物が形成される系の場合は複雑になります。

三元系合金の組成

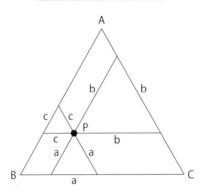

Sn-Bi-Pb 系三元系合金の状態図

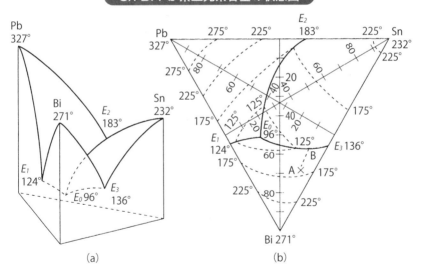

(a)　　　　　(b)

はんだ合金は二元系だけではない

3.7 Snは低温でもろくなる

　Sn は、常温では軟質で延性に富む白色 Sn（βSn）となっているが、低温では同素変態によって灰色 Sn（αSn）に変化します。

　同素変態は同一の元素が圧力や温度などの外的因子によって結晶構造（原子配列や結合の仕方）が変わる現象であり、それぞれの単体を同素体と言います。純 Fe が温度の変化によってα-Fe（アルファ鉄）、γ-Fe（ガンマ鉄）、δ-Fe（デルタ鉄）に変化する現象や、炭素が高温・高圧によってダイヤモンドに変化する現象はともに同素変態です。

　Sn にはβSn とαSn の同素体があり、それぞれ結晶構造はもちろんのこと、延性や硬さなどの性質がまったく異なります。βSn からαSn への変態温度は平衡的には 13.2℃です。

　しかし、この変態は時間的な遅れが著しく、実際には高純度 Sn では約 -10℃で変態が始まり、約 -45℃で変態速度が最大になります。変態が 1mm 進行するのに約 50 時間を要し、この変態によって引張強さ、衝撃強さなどの機械的性質が著しく損なわれます。

　βSn → αSn の変態速度は含有する不純物によっても影響され、Bi、Sb は変態速度を遅らせ、Zn、Al、Mg は逆に変態を速めます。

　白色βSn が軟質で延性であるのに対して、灰色αSn はまったく延性がなく、きわめてもろく、手に触れただけでも崩壊して粉末になります。βSn からαSn への変態は厳冬の寒い時期に Sn 製の食器や燭台、工芸品があたかも伝染病にかかったように次々と崩壊する現象、いわゆる"スズペスト"の原因でもあります。

　また、Sn を多く含有するはんだは低温でもろくなる性質があるため、はんだ付継手部が低温に置かれる場合には注意しなければなりません。

　しかし、この性質は Sb（アンチモン）を微量（0.2～0.5%）添加することによって改善できます。

第3章 はんだという電子材料

Snの同素体と性質

同素体	13.2℃ β Sn ⇌ α Sn	
結晶構造	体心正方晶	立方晶
外観色	白色	灰色
性質	延性	脆性

各種はんだの低温における機械的性質

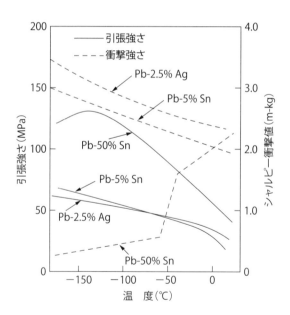

Snは極低温でボロボロになる

3.8 "スズ泣き"は結晶変形の為せる業

　金属は、結晶格子面の間の辷り(すべ)によって変形します。Sn（スズ）結晶の辷りは容易に起こり、かつ顕著であるため、変形時にクリック音（砕音）を発しますが、これを"スズ泣き"と呼んでいます。

　スズ泣きとは、純SnおよびSnを多く含む二相合金の棒や板を折り曲げたときに、"カリッ"と竹を割るときに発するような、澄んだ特殊な砕音を言います。Snが外力によって変形する際に双晶（そうしょう）を形成しますが、その塑性変形の際にエネルギーを放出するときに発する音がスズ泣きであり、スズ鳴り、錫声（しゃくせい）とも呼んでいます。

　ここで、双晶とはそれぞれの結晶の原子配列が互いに鏡影対称に接している一組の結晶であり、原子の配列が結晶同士の接触面（双晶面）に関して鏡影関係にあります。

　双晶は、結晶の原子配列において特定の面や軸に関して、対称になるような原子配列を持つ層状の結晶領域です。つまり、隣接する2つの結晶が特定の面や軸に関して対称な原子配列を持つ場合に、互いの結晶が双晶の関係にあります。双晶関係にある2つの結晶では、その原子配列が双晶面と呼ばれる特定の面に関して鏡面対称になっています。

　双晶には塑性変形によって形成される機械的双晶と、塑性加工後の焼なましによって形成される焼なまし双晶とがあります。スズ泣きは機械的双晶が形成されるときに発する音であり、Cu（銅）やAl（アルミニウム）合金などの面心立方格子構造の金属では焼なまし双晶が形成されやすくなります。

　スズ泣きは、純SnまたはSn含有量の高いはんだの場合に明瞭ですが、Sn-Pb系はんだの場合のように、Pbの含有量が多くなると弱くなり、Pb-50%Snはんだではかすかに聞き取れる程度になります。昔は、はんだのSn含有量の判定やSnの純度を吟味する手段にされていました。

＊スズ泣き（tin cry）は鋳造材でよく聞こえますが、塑性加工材では聞こえません。

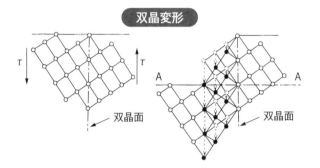

双晶変形

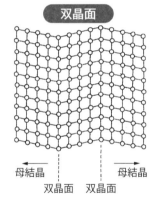

双晶面

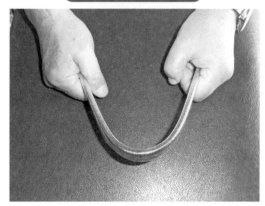

棒状スズの折り曲げ

"カリッ"と砕音を発する

ワンポイント

金属にも泣きたくなるときがある

3.9 はんだも疲れる

　破壊応力以下の微小応力が長時間にわたって繰り返して負荷されることにより、機械的な性質が低下する現象を疲労と呼んでいます。はんだ付継手の疲労は振動や繰り返し応力負荷などによる機械的疲労と、はんだ付部材とはんだの熱膨張差に起因する熱疲労とに大別されます。

　はんだ付における疲労に及ぼす因子として、次のことがあげられます。
①はんだの成分組成および金属組織
②はんだおよび母材の熱膨張係数
③はんだ付継手部のフィレットの形状

　機械的疲労は継手に振動や微小応力が繰り返して長時間にわたって負荷されたときに起こるもので、機構的には、はんだ自体が劣化する場合と、はんだと母材との界面が劣化する場合とがあります。前者は、はんだ自体の疲労特性に起因するもので、それを防止するためには、はんだ自体の特性を変えなければなりません。共晶はんだ合金のように2相から成る合金は、固溶体のような単相合金よりも疲労強さが劣ります。後者の場合は、母材の前処理や合金層生成の防止などのはんだ付条件を、厳格に管理することが重要になります。

　熱疲労は、はんだ付継手部に加熱と冷却が繰り返される環境で、膨張と収縮が周期的に負荷される場合に起こり、はんだと母材の組合せにおける熱膨張差に大きく影響されます。

　加熱と冷却が繰り返された場合に、はんだ付継手のフィレットに作用する応力は母材とはんだの熱膨張差によって生じ、破壊は、はんだフィレット中央部で起こると考えられます。しかし、はんだと母材との界面における金属学的な反応から、合金層と母材との界面、または合金層とはんだとの界面で破壊が進むようになります。

＊針金を何度も繰り返し折り曲げると破断しますが、これは疲労破壊に相当します。

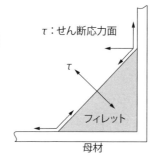

熱サイクルによってはんだフィレットに発生する応力

電子機器の使用環境

機　　器	使用温度範囲（℃）	サイクル数/年	使用年数
家電製品	0～60	365	1～3
コンピュータ	15～60	1,460	＜5
電話	40～85	365	7～20
航空機	－55～95	3,000	＜10
自動車（車内）	－55～65	185	＜10
自動車（エンジンルーム）	－55～125	300	＜5
軍用機器	－55～95	100	＜5

各種はんだの金属組織と耐疲労強さの関係

はんだ	金属組織	耐疲労強さ
Sn-37%Pb Sn-40%Pb	2相（共晶） 2相	悪　い
Sn-36%Pb-2%Ag Sn-35%In Sn-58%Bi Sn-50%In Sn-50%Pb	2相 2相 2相（共晶） 2相 2相	劣　る
In-1%Cu Sn-10%Pb	2相（共晶） 2相	やや良い
Sn-1%Sb Pb-50%In Sn	1相（固溶体） 1相（固溶体） 1相	良　い
Sn-4%Ag Sn-5%Sb	1相 1相	最も良い

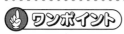

はんだの疲れは栄養剤や休息では癒されない

3.10 Au（金）はんだも使用される

　電子工業で使用されるはんだは、Sn基、Au基、In基、Al基に分類され、融点、ステップはんだ付、あるいは母材との間の金属学的な適応性などの観点から、特殊なはんだも用いられています。

　Au基はんだは電子工業に特有なはんだです。Auは高い融点（1,063℃）を持っているので、それ自身、単体ではとてもはんだとして使うことができません。

　しかし、Sn、Sb、Si、Geなどとは低融点の合金を形成するので、はんだの主成分にすることができます。Au基はんだは、主にAuめっき部品のはんだ付およびはんだ溶食防止として用いられます。

　ここで、注意すべきことはAu基はんだを用いたからといって、必ずしもその信頼性が確保できるとは限らないことです。なぜなら、Auは他の金属との間にもろい合金（金属間化合物）を形成しやすいために、はんだ付部が弱くなる場合があるからです。

　電子部品の接続端子には導電性と耐食性の観点から、多くの場合はAuめっきが施されます。これらの部材にSn系のはんだを適用すると、AuとSnとの反応によって$AuSn_2$や$AuSn_4$などのもろい化合物が形成されたり、あるいは、Auの溶食が起きたりします。それらを防止するために、Sn基はんだに替えてAu基はんだが使用されます。

　世の中が平和になれば贅沢になりますが、電子工業でAu系はんだが使われるようになったのは、電子工業界が平和になったからではありません。電子機器の小型化と電子回路の緻密化によって、はんだ付継手部の信頼性向上の観点からAu系はんだが使用されるようになったのです。

　Auは、過去の時代には王朝文化の象徴として重宝されましたが、現在では最先端電子工業を支える正真正銘に信頼できる材料として利用されています。

＊Auは、最もはんだ付性に優れる金属です（第5章5.1節参照）。

電子工業で使用される主なはんだの組成と溶融温度

	成 分（％）							溶融温度（℃）	
	Sn	Au	In	Al	Ag	Si	Ge	固相線	液相線
Sn基	100							232	232
	96.5				3.5			221	221
	95				5			221	250
	90	10						217	217
Au基		94				6		370	370
		88					12	356	356
	20	90						280	280
In基			100					156	156
			99	1				155	550
			94	1			5	156	560
Al基				100				660	660
				99		1		570	658
				88		12		577	577

Au系はんだの合金状態図

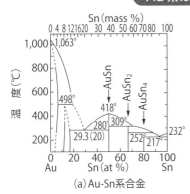

(a) Au-Sn系合金

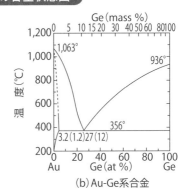

(b) Au-Ge系合金

AuめっきされたCuのはんだ付界面に形成されたAu-Sn系金属間化合物

 ワンポイント

Auはいつの時代も信頼の厚い材料です

3.11 急冷凝固はんだが使われるわけ

はんだ自身の性質は、はんだ付継手部の機械的、電気的および化学的性質に直接に影響しますが、とくにマイクロソルダリングにおいてはその影響が顕著になります。

はんだは通常、インゴットを圧延や線引きによって、板、箔および線に加工されます。これらの方法によって得られるはんだには表面酸化や成分の偏析が起こりやすく、それらはしばしば、はんだのぬれ不良や、はんだ付欠陥の発生原因になりやすくなります。

圧延加工や線引加工ではロールやダイスとの摩擦を小さくするために、圧延剤や伸線剤などの潤滑油が用いられますが、これらがはんだの表面に付着すると、それらを完全に除去することが難しくなります。これらの付着物は不純物として表面に残存するようになり、マイクロソルダリングでは、はんだ付不良や欠陥発生の原因になります。

これらに対処するために開発された新しい加工法の1つに、急冷凝固法があります。この方法は、溶融状態にあるはんだを急冷することによって直接に箔や細線に加工する方法であり、次のような特長があります。

①はんだの表面に汚れや酸化膜がない
②はんだの成分偏析がない
③圧延や線引加工ができないようなもろい組成のはんだにも適用できる

このような特長を持っているので、はんだ付継手部の信頼性が強く求められる箇所に特別に使用されます。代表的な急冷凝固法として、箔をつくるための回転ロール法、細線をつくるための回転液中紡糸法がありますが、いずれも、溶融はんだをノズルから冷却されている回転ロールまたは回転ドラムに噴射して急冷凝固させる方法です。急冷凝固法によって得られたはんだには、通常のはんだにはない特長があります。

* 急冷凝固法は、Ni-Cr-Si-B系合金（ろう材）を箔へ加工する方法として開発されました。

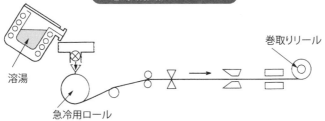

急冷凝固法のフロー

溶湯 / 急冷用ロール / 巻取りリール

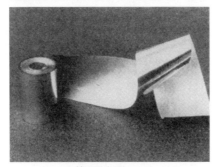

急冷凝固法によるはんだ箔と細線

箔：厚さ50μm

細線：太さ500μm

金属の急冷は鋼の焼入れだけではない

3.12 ソルダペーストが多用される

　はんだは、はんだ付方法や使用目的に応じて、線、板、箔、粒、粉末などの形状に加工して使用されますが、現代の主要な実装方式である表面実装法に対処するために、ソルダペーストが多く使用されます。

　一般のソルダペーストは粒径 20〜50μm の粉末はんだと、ロジンを主成分とする有機系フラックスとを容量比で約 50 対 50（重量比で約 10 対 90）に混合したペースト状はんだです。プリント配線板に"印刷"したり、はんだ付継手部に"吐出"したりして使用されます。

　ソルダペーストの具備すべき条件として、次のことがあげられます。
①特性の経時変化（はんだ粒子とフラックスとの反応）が少ないこと
②印刷性および吐出性が良いこと
③適度の粘着性があること
④はんだボールの発生が少ないこと
⑤フラックス残渣の除去が容易であること

　ソルダペーストの特性に大きく影響する因子は、はんだ粉末の形状であり、それは不定形と球状とに大別されます。不定形粉は粒子の大きさが不均一であり、ソルダペーストのファインピッチパターンに対する版抜け性が悪くなり、表面の酸化物の絶対量が増すことから、リフロー特性が悪くなり、はんだボールやブリッジなどの欠陥発生の原因になりやすくなります。

　したがって、ファインピッチ対応のソルダペーストに用いられるはんだ粉末は表面酸化の少ない球状粉が望ましく、アトマイジング法、回転円盤噴霧法などによって製造されます。

　一般に使用されているソルダペースト用はんだ粉末の粒度（μm）は 20〜30、25〜38、20〜45 であり、ファインピッチ対応用には 10〜25 や、さらには 5 のものも提供されています。

＊ソルダペースト用はんだの微粉化の技術は、とどまることのない発展を遂げています。

第3章 はんだという電子材料

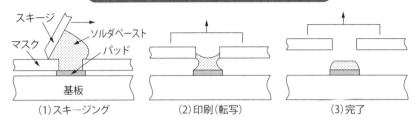

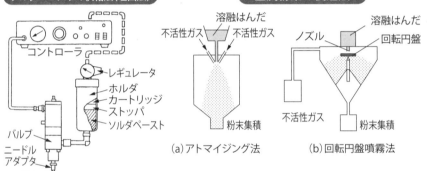

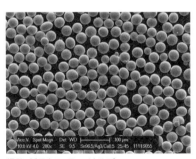

ソルダペースト用球状粉

提供：㈱日本フィラーメタルズ

ソルダペーストはプリント配線板の実装に不可欠な材料

3.13 Pbフリーはんだが求められるようになった理由

　"はんだ"の環境に及ぼす影響が、近年、大きな社会問題になりました。廃棄された電子機器のはんだ付部材が酸性雨に曝されることによって、はんだの主成分であるPb（鉛）が溶出し、地下水を汚染する、という問題です。Pbイオンは人間の中枢神経を冒す毒性を持っているために看過できない問題になっています。

　Pbの毒性については、すでに西暦紀元前から注意が払われていたとされています。Pb中毒の初期症状は疲労感、睡眠不足であり、さらに多くのPbを摂取することによって、腹痛、貧血、神経炎などの症状が表れ、さらに多量のPbを摂取すると最悪の脳変質症を発症します。慢性的な症状として腎臓組織の変質や硬化症があります。

　現在では、Pbによる中毒の問題はほとんど回避されるようになりました。その大きな理由として、Pb中毒に対する認識の徹底、Pb中毒と鉛公害に対する法規制があげられます。すなわち、Pbは有用な金属ではあるが、毒でもあるとの教育およびPb中毒予防規制（昭和47年）の制定など、行政上の措置が大きな力になっています。

　このように、Pbはきわめて有毒ですが、それにもかかわらず古くから長い間使用されているのは、その高い有用性が認められているからにほかならないと考えられます。とりわけ、はんだにおけるPbの役割はきわめて重要ですが、廃棄された電子機器からの鉛の溶出による地下水の汚染問題によって、Pbを含むはんだの使用が禁止されるようになりました。5,000年以上とも言われる長きにわたって使われてきたはんだが、ごみ廃棄という社会問題と、酸性雨という地球環境問題とによって締め出されるようになりました。

　ここに、いわゆる"Pbフリーはんだ"の開発と、その使用が義務づけられるようになり、Snをベースとする種々の合金系が開発されています。

＊Pbは毒性ですが、今日でも重要かつ不可欠な工業材料の1つです。

Pb フリーはんだの人体への毒性

電子機器 → 廃棄 → 地下水 → 人体 → Pb中毒
　　　　　（粉砕・埋立）（酸性雨）（Pb溶出）（経口摂取）

Pb フリーはんだの種類（合金系）

Pbフリーはんだ
- Sn-Ag系（Sn-Ag、Sn-Ag-Cu、Sn-Ag-Bi、Sn-Ag-In）
- Sn-Bi系（Sn-Bi、Sn-Bi-Ag）
- Sn-Zn系（Sn-Zn、Sn-Zn-Bi）
- Sn-Cu系（Sn-Cu）

Pb フリーはんだのぬれ性

合金系	Sn-Pb	Sn-Ag	Sn-Cu	Sn-Zn	Sn-Bi	Sn-In
ぬれ性	◎	△	○	×	×	×

ぬれ性の評価（Sn-Pb系との相対比較）
◎ Sn-Pb系と同等、○ 良好、△ やや劣る、× 劣る

 ワンポイント

Pbは毒ではあるが、必要不可欠な工業材料でもある

3.14 Sn-Ag系Pbフリーはんだの特長

　Sn-Ag系合金は古くから使用されているはんだの1つであり、耐食性が良く、外観色も綺麗であることから、ステンレス鋼や精密機器のはんだ付に昔から使用されています。鉛フリーはんだとしての使用実績もある有力な代替合金系です。

　本系合金の共晶点は3.5% Ag、共晶温度は221℃であり、Snマトリックス中に数μm以下の細かい金属間化合物Ag_3Snが分散する組織を有しているために機械的強さが大きく、クリープ変形も小さいのが特長です。

　また、Ag_3Snは安定な化合物であり、かつAgがSnへほとんど固溶しないために、高温に保持されても金属組織が粗大化しません。そのため、本系合金は耐熱性が良く、熱疲労強さが大きいことも特長になっています。

　本系合金に対する第三添加元素として、Cu、Zn、Biがあげられます。Cuを添加することによって三元共晶（Sn-Ag-Cu系）の低融点の合金が得られます。本系三元合金は鉛フリーはんだとして最も多く利用されており、その三元共晶合金が目標にされています。しかし、本系合金は金属組織に対する冷却速度の影響が大きく、熱分析による融点の同定が難しくなっています。現在、公表されている有望な組成として、

　　　Sn-3.0% Ag-0.5% Cu、Sn-3.9% Ag-0.6-Cu、Sn-3.5% Ag-0.7% Cu
などがあります。

　また、Znの添加は組織を微細化し機械的強さやクリープ特性を向上させますが、Znが酸化されやすいために、ぬれ性が悪くなります。Biの添加は融点が低くなる、ぬれ性が向上する、機械的強さ、とくに熱疲労強さが改善されるなどの利点を生じさせます。しかし、耐熱性が小さい、リフトオフが起こりやすくなるなどの短所も生じます。

＊ Sn-Ag系はPbフリーはんだとして新しく開発されたのではなく、Pbフリーはんだ付に対応するはんだとして注目されるようになったものです。

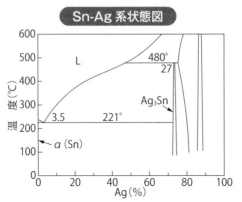

Sn-Ag 系状態図

本系合金の金属組織は、Ag量50％を境にしてSn側とAg側とで大きく異なります。つまり、Sn側が単純二元共晶型であり、Ag側は複雑な金属間化合物から成ります。はんだとしては共晶組成のものが適用されますが、その組織はα(Sn)と金属間化合物Ag_3Snの混合物となります。この場合、Agはα(Sn)にほとんど固溶せず、微粒子となって析出する傾向があります

主な Pb フリーはんだの成分と融点

合金系	化学成分（％）							溶融温度（℃）	
	Sn	Ag	Zn	Bi	In	Sb	その他	固相線	液相線
Sn-Ag	96.5 97.5 95.5	3.5 2.5 4.0					 Cu0.5	221 221 204	221 226 260
Sn-Zn	91.0 89.0 86.0 91.0		9.0 8.0 8.0 9.0	 3.0 6.0 			 Al 微	198 187 178 198	198 197 194 198
Sn-Bi	42.0 90.0	 2.0		58.0 7.5			 Cu0.5	138 198	138 214
Sn-Sb	99.0 95.0 90.0					1.0 5.0 10.0		235 232 240	235 240 246
Sn-In	52.0 50.0 48.0				48.0 50.0 52.0			117 117 117	131 125 117

Sn-Ag 系はんだは品の良いはんだ

3.15 Sn-Bi系Pbフリーはんだの特長

　Sn-Bi系合金は低融点はんだとしての使用実績があります。本系合金の共晶点は58% Bi、共晶温度は、138℃です。

　本系のはんだは、低融点化が可能である、ぬれ性が良い、などの特長があります。しかし、硬くてもろい、加工性が悪い、熱疲労強さが小さい、などの短所があります。

　本系はんだの凝固組織としてもろいBiが粗大に晶出するために、機械的強さが低くなります。Biの粗大晶出は添加元素によって阻止され、Au、Ge、Seの添加が金属組織の微細化に有効であるとされています。

　さらに、鉛フリーはんだとしての実用化に対する大きな問題としてリフトオフの発生があります。とくに、はんだ付界面にPbが介在すると、Sn-Bi-Pb系の低融点合金が生成されてリフトオフ現象の発生が加速される原因になります。そのような場合には、はんだ付継手部が高温になることを避け、100℃以下の稼働条件を課して使用することが勧められています。

　リフトオフの発生は、広い凝固温度範囲を有するはんだの合金学的挙動に依存するため、その確かな防止対策はいまだに確立されていません。しかし、リフトオフ発生の因果関係が経験的にわかっており、その防止対策も可能です。防止法の1つとして、はんだ付後に急冷することがあげられ、それによって凝固組織が微細になることが明らかになっています。

　また、Sn-Bi系合金は膨張型はんだでもあります。一般に、溶融状態にある純金属および合金が凝固するとき収縮しますが、Biを多く含む合金は膨張します。このようなことから、めっきやメタライジング層などの金属被覆部材の剥離を防止する場合や、圧力負荷によって接合部に機械的強さを付与する場合の膨張型はんだとして使用されます。

＊ Sn-Bi系はPbフリーはんだとして使用されるだけでなく、膨張型はんだとして使用される唯一のはんだです。

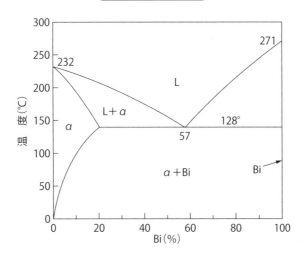

本系合金は共晶型合金であり、Bi成分が共晶点以下の合金では広い凝固温度範囲が存在します。そのため、はんだ付における冷却過程での溶け分かれや、リフトオフなどが発生しやすくなります。また、Bi成分が大きい合金は溶融状態から凝固するときに体積が増加します。凝固に際して体積を増加するはんだを膨張型はんだと呼び、めっきやメタライジング層などの金属被覆部材をはんだ付する場合に、被覆材の剥離防止やはんだ付継手に圧力を付加することで機械的強さを改善する場合などに適用されます

主なはんだの凝固時の体積変化

はんだ	共晶温度（℃）	体積変化量（％）
Bi-45%Pb	125	− 1.5
Bi-42%Sn	139	＋ 0.77
Sn-38%Pb	183	− 0.28

はんだ付界面での凝固過程は複雑でデリケート

3.16 Sn-Zn系Pbフリーはんだの特長

　Sn-Zn系合金も昔から使用実績のあるはんだの1つであり、主にAl用のはんだとして用いられてきましたが、近年、Pbフリーはんだとして注目されるようになりました。

　本系合金の共晶点は9.0% Zn、共晶温度は199℃です。本系合金の融点（共晶温度）はSn-Pb系合金のそれに最も近く、機械的強さが大きく、クリープ変形も小さい。融点がSn-Pb系に近いために現在のはんだ付プロセスと電子部品に対する整合性が大きい、資源的および経済的な制約がない、などの特長があります。

　しかし、ぬれ性が極端に悪い、はんだペーストの経時変化が大きい、リフロー法に対する特別な配慮（N_2雰囲気の適用など）が必要になる、などが短所になっています。とくに、リフローに関しては、はんだ成分のZnがリフローの過程で酸化されて酸化物となるために、ぬれ不良などのはんだ付欠陥が発生しやすくなります。そのためこれを防止する目的で、N_2雰囲気でリフローする必要があります。Znの酸化を防止するために、使用するはんだペーストに還元剤を添加する方法もありますが、その含有量によってはマイグレーションの発生が懸念されるようになります。

　また、Cu母材に対しては、はんだ接合界面にCu-Zn系の合金層（金属間化合物）を形成しますが、この層は均一に形成されず、ところどころにSn-Cu系の合金層も形成されて接合界面構成が複雑になり、接合強さが不安定になる傾向があります。とくに、はんだ接合部が高温に曝されると、合金層が大きく成長するために界面が破壊の起点になりやすくなります。

　このようなことから、Sn-Zn系はんだを使用する場合には、Cu-Zn系合金層の形成を防止するためにCu系母材に対して、あらかじめ下地にNiめっきを施すことが推奨されています。

＊ Sn-Zn系は、Alのはんだ付に使用される歴史の長い伝統的なはんだです。

第3章 はんだという電子材料

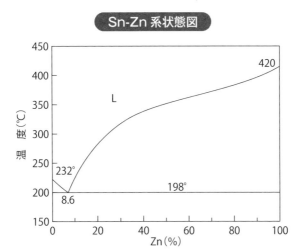

本系合金は共晶型合金であるがSnにZnが固溶せず、ZnにもSnが固溶しません。したがって、共晶組織は、Pb-Sn系合金がα相（PbにSnが溶け込んだα固溶体）とβ相（SnにPbが溶け込んだβ固溶体）の混合になる場合と異なり、ZnとSnの混合組織になります。

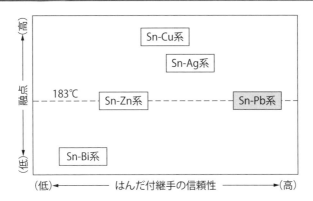

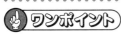

Al用はんだからPbフリーはんだへの転身

3.17 Pbフリーはんだ合金のめっきは難しい

　Pbフリーはんだが実用に供されるようになった結果、はんだ付を確実なものにするために、電子部品などに対する前処理としてPbフリーはんだをめっき処理することが必要になります。

　はんだは合金であるため、これのめっきは合金電気めっきとなりますが、それには合金元素の電極電位が大きく影響します。金属はそれぞれ固有の電極電位を持っています。合金めっきでは個々の合金元素を同時に析出させなければならないので、析出する合金元素の電極電位が近接していることが望ましく、その差が大きい場合にはめっき金属に偏析が起こりやすくなり、錯体や界面活性剤などの添加が必要になります。

　PbフリーはんだとしてのSn-Ag合金めっきは、Agの電極電位がSnよりもはるかに貴であるためにAgだけが析出しやすくなり、SnとAgを共析させること、つまり合金めっきが難しくなります。したがって、Agイオンに対する錯化剤を添加することが必要になり、ピロリン酸錫錯体浴法、酒石酸錯体浴法などが提案されています。

　Sn-Zn合金めっきにおいても、SnとZnの電極電位差が大きいため単純塩めっき浴からSnとZnを共析させることが難しくなります。一般には、錯体浴（シアン化浴、硼フッ化浴など）が用いられますが、廃水処理に問題があるために、実用化が難しくなっています。Sn-Zn共晶の共析可能なめっき浴として、スルホコハク酸錯体浴（硫酸スズ－硫酸亜鉛－スルホコハク酸）があり、ある種の界面活性剤を添加することが必要条件になっています。

　Sn-Bi合金めっきでは、Biの電極電位がSnよりもかなり貴であるためBiが優先的に析出しやすくなります。本系合金はPbフリーはんだとして注目される以前から、低融点はんだとして利用されていたという経緯があり、その合金めっき法が行われてきています。

＊合金めっき法は単純ではありませんが、Pbフリーはんだ合金のめっきはとくに複雑です。

第3章 はんだという電子材料

Pbフリーはんだに関わる合金元素の電極電位

金属	電極反応	電極電位 E_0 (V)
Zn	$Zn^{++}+2e=Zn$	-0.763
In	$In^{+++}+3e=In$	-0.342
Sn	$Sn^{++}+2e=Sn$	-0.136
Pb	$Pb^{++}+2e=Pb$	-0.126
Bi	$Bi^{+++}+3e=Bi$	$+0.20$
Sb	$Sb^{+++}+3e=Sb$	$+0.20$
Cu	$Cu^{++}+2e=Cu$	$+0.337$
Ag	$Ag^{+}+e=Ag$	$+0.799$

複合めっきによるSn-Ag系はんだの形成

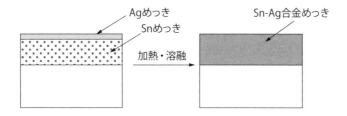

合金めっきは理論的にも技術的にも難しい

Column

博物館病

　Snは最古から知られていた金属であり、その鉱石は種類が少なく、スズ石（SnO_2）がほとんど唯一のものです。Snの製錬は簡単であり、スズ石を炭素とともに熱すれば容易に還元されて金属Snが得られます。このことがSnの利用を身近なものにした理由の1つになっています。

　Snには白色のSn（βSn・正方晶）、灰色粉状のSn（αSn・立方晶）の同素体があります。白色Snは光輝ある金属で加工性が良く、容易に板や線などにできます。灰色Snは白色スズを−30℃以下の低温に保つことによって得られ、きわめてもろく、手で触れただけでも崩壊してしまう性質があります。

　日常的に使用されている金属Snは白色Snであり、融点が低く加工性も良いので、古くから食器、燭台、工芸品などに用いられてきました。昔、北ドイツや北方ロシアにおいて、厳冬の季節に、しばしばSn器に突然、腫れもののような突起が発生し、これが次々に伝染して、ついには全体が崩壊して灰色の粉末になる現象が観察されました。このような現象は19世紀の初頭にロシアの博物館において古代Sn器についても観察され、伝染病のような様相を呈していたことから"スズペスト"と呼ばれていました。また、博物館にあったSn器（ピュータ）の展示品に多く見られたことから"博物館病"などとも呼ばれました。この現象は、初めはSnが何らかの反応によって生成した化合物であると考えられていましたが、その正確な原因は不明であり、多くの研究者の注目の的になっていました。

　"スズペスト"ないしは"博物館病"の現象の本質が白色Snの灰色Snへの同素変態であることを初めて明らかにしたのは、SnとSn合金に関する多くの研究業績を残したドイツの化学者コーエン（E. Cohen）です。

＊ 同素変態とは、同一の元素が圧力や温度などの外的因子により結晶格子が変わる現象であり、それぞれの単体を同素体と言います。α Feとγ Feとδ Fe、赤リンと黄リン、炭素と石墨とダイヤモンドはそれぞれ同素体です。

第4章

はんだ付を支える フラックス

フラックスは化学反応で作用する

4.1 はんだ付にはフラックスの使用が必須

　はんだ付には、ほとんどの場合にフラックスが使用されます。フラックスとは、一義的にははんだ付部材の酸化膜を除去し、はんだおよび母材の酸化を防ぎ、かつ、はんだの表面張力を小さくすることでぬれを良好にするために必要とされる溶剤、と定義することができます。

　一般に、金属の表面は特別な場合を除いて常に酸化膜で覆われており、それらをはんだ付の前処理で除去したとしても、はんだ付温度までに加熱されれば再び酸化されることになります。したがって、溶けたはんだを母材表面にぬらすためには、はんだ付が行われる温度において、母材やはんだが酸化されるのを化学的に防止することが必要になります。その目的のために使用されるのがフラックスです。

　フラックスの最も重要な作用は母材表面の酸化膜を除去することです。一般に、金属が大気中に放置されれば、その表面には通常、20～100Åの酸化膜が形成され、その酸化膜の性質は金属の種類によって大きく異なっています。Cuは通常のやに入りはんだで容易にはんだ付することができますが、ステンレス鋼やAlでは、はんだが球状になって、はんだがまったく広がらないのはそのためです。

　つまり、フラックスとしての松やにには銅の酸化膜を除去できますが、ステンレス鋼やAlの酸化膜を除去できないことを意味しています。酸化膜は金属の表面が酸化されてできた酸化物であり、それぞれ固有の生成自由エネルギーΔFを持っています。ΔFの値からその酸化物の性質（安定性）を定性的に判断することができ、ΔFの値が小さいものほど安定な酸化膜であることを意味します。このように、ステンレス鋼やAlのように安定な酸化膜を持っている母材に対しては、化学的に活性の強いフラックス、たとえば、$ZnCl_2$-NH_4Clのような無機系フラックスが必要になります。

＊超音波はんだ付法などのフラックス（flux）を使用しないはんだ付法も開発されています。

はんだ付にはフラックスの使用が必須

酸化物	ΔF (kJ/mol)	酸化物	ΔF (kJ/mol)
Ag_2O	＋2.5	PbO	－172
Cu_2O	－137	PbO_2	－181
CuO	－114	NiO	－193
FeO	－232	TiO	－370
Fe_2O_3	－689	BeO	－550
SnO	－239	SiO_2	－790
SnO_2	－483	Al_2O_3	－1,525

溶融フラックスで覆われたはんだの表面張力

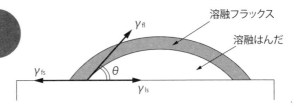

固体表面に液滴を置くと、固体と液体の性質によって一定の形状になり、力学的平衡条件から次のヤングの式が成り立ちます

$$\gamma_{fs} = \gamma_{fl} \cos\theta + \gamma_{ls}$$

γ_{fs}：固体の表面張力　　　γ_{fl}：液体の表面張力
γ_{ls}：液体/固体の界面張力　θ：接触角

また、

$$\gamma_{fs} - \gamma_{ls} = \gamma_{fl} \cos\theta = A$$

が得られ、Aを付着張力と呼び、ぬれ性を示す指標の1つにされます

はんだがぬれるも、ぬれないもフラックス次第

4.2 フラックスの選定が重要

　最近のはんだ付方法の趨勢は、フラックスを使用する従来からの方法からフラックスを使用しない無フラックス法へと移行する傾向にあります。

　しかし、信頼性、能率性、経済性などの観点から、やはりフラックスを使用する方法が主流になっています。

　フラックスは、はんだ付性を左右する重要な因子として重要であり、それを選定する標準要素として次のことがあげられます。

　①母材との適合性……………………酸化膜の除去
　②はんだとの適合性………………溶融温度、活性
　③フラックス残渣除去の容易性

　フラックスの主な作用は母材の酸化膜を除去することですが、その酸化膜には除去しやすいものと、除去し難いものとがあり、母材の種類によって異なります。

　したがって、フラックスの選定にあたっては母材の種類に適したフラックスを選ぶことが大切で、いたずらに活性の強いフラックスを用いる手法は、はんだ付後の腐食が問題になるため避けなければなりません。さらに、はんだの種類、とくにその融点を考慮して選択することが大切であり、はんだの溶融温度で分解せずに安定しており、しかも、その温度でフラックスとしての活性を維持していることが必要条件になっています。

　また、はんだ付後のフラックス残渣の除去が容易であるか困難であるかは、はんだ付部の腐食防止対策の上からも重要であり、とくに腐食性フラックスを用いた場合に注意を要します。

　このように、フラックスの選択は母材のはんだ付性を考慮に入れながら適切に行わなければなりません。

＊はんだ付用フラックスは、はんだ付後にその残渣が容易に除去できることが具備すべき大きな条件になっています。

はんだ付用フラックスの分類

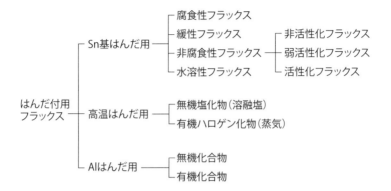

フラックスに用いられる主な化合物

化 合 物	
腐食性フラックス用	緩性フラックス用
1. 無機酸 　塩　酸　　　　　　　HCl 　リン酸　　　　　　　H_3PO_4 2. フッ化物 　フッ化ナトリウム　　NaF 　フッ化銅　　　　　　CuF_2 　フッ化亜鉛　　　　　ZnF_2 3. 塩化物 　塩化アンモニウム　　NH_4Cl 　塩化第一銅　　　　　CuCl 　塩化亜鉛　　　　　　$ZnCl_2$ 　塩化第一スズ　　　　$SnCl_2$ 4. 臭化物 　臭化ナトリウム　　　NaBr 　臭化亜鉛　　　　　　$ZnBr_2$	1. 有機酸 　クエン酸　$(OH)C_3H_4(COOH)_3$ 　ステアリン酸　$CH_3(CH_2)_{16}COOH$ 　安息香酸　C_6H_5COOH 　アビエチン酸　$C_{20}H_{30}O_2$ 2. 有機ハロゲン化合物 　アニリン塩酸塩　$C_6H_5NH_2HCl$ 　ヒドラジン塩酸塩　NH_2NH_22HCl 　臭化セチルピリジン　$C_6H_5N(Br)(CH_2)_{15}CH_3$ 3. アミン、その他 　尿　素　$CO(NH_2)_2$ 　ジエチレントリアミン　$NH_2(CH_2)_2NH(CH_2)2NH_2$ 　グリセリン　$C_3H_5(OH)_3$ 　ヒドラジン　N_2H_4

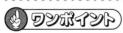 ワンポイント

1つのはんだには1つのフラックスが原則

4.3 フラックスは酸化膜を除去する

　フラックスは、はんだ付に不可欠であり、その第一の作用は母材の酸化膜を除去することです。酸化膜はどのようにして除去されるのでしょうか。その除去機構はフラックスの種類によって異なります。

　①ロジンによる除去

　ロジン、つまり"松やに"は、はんだ付用の最も一般的なフラックスとして使用されますが、母材表面の酸化膜の除去に寄与する酸はその主要成分であるアビエチン酸です。

　アビエチン酸は常温ではCu表面の酸化膜（Cu_2O）と反応しませんが、約170℃で活性を呈して反応するため、Cuの酸化膜を除去します。活性を呈する温度が多くのはんだの融点に近接しているので、はんだ付用フラックスとして適しています。

　②溶融塩による除去

　はんだ付用フラックスに用いられる溶融塩は塩化物やフッ化物などのハロゲン化物です。それによる酸化膜の除去は、Cl^-やF^-が母材の酸化膜と塩化物またはフッ化物を生成することによってなされます。

　③酸による除去

　はんだ付温度に加熱しても、分解したり変質したりしない代表的な単体の酸としてオルトリン酸があります。オルトリン酸は常温では穏やかな酸ですが、高温では著しく活性を増すことから、ステンレス鋼などの酸化膜が除去されにくい母材に対するフラックスとして用いられます。

　④Alの酸化膜除去

　Al表面の酸化膜であるAl_2O_3がAlとの熱膨張差、あるいはフラックスに含まれるF^-によってAl_2O_3に皮膜に亀裂が生じ、そこから侵入したCl^-とAlとが反応して生成される昇華性の$AlCl_3$によって物理的に剥離され、除去されるのです。

フラックスは酸化膜を除去する

**フラックスによる母材酸化膜の除去は
化学反応に依存する**

①ロジンによる Cu 酸化膜（Cu_2O）の除去
　ロジンの主成分であるアビエチン酸がアビエナイト Cu になる
$$Cu_2O + C_{19}H_{29}COOH \rightarrow 2Cu_{19}H_{29} + H_2O$$

②溶融塩（$ZnCl_2\text{-}NH_4Cl$）による Fe 酸化膜（FeO）の除去
　酸化物が塩化物となる
$$ZnCl_2 \cdot \alpha\, NH_4Cl \xrightarrow{230℃} ZnCl_2 \cdot \alpha\, NH_3 + \alpha\, HCl$$
$$FeO + 2HCl \rightarrow FeCl_2 + H_2O$$

③リン酸によるステンレス鋼酸化膜（Cr_2O_3）の除去
　リン酸が高温で活性化されて H^* を放出しやすい $H_4PO_4^+$ になる
$$2H_3PO_4 \rightarrow H_4PO_4^+ + H_2PO_4^-$$
$$H_4PO_4^+ \rightarrow H_3PO_4 + H^*$$
$$Cr_2O_3 + H^* \rightarrow 2Cr + 3H_2O$$

フラックスの作用機構は複雑

4.4 はんだ付用フラックスとしての"松やに"

古くから松やに、つまりロジンが電子機器のはんだ付用フラックスとして使用されてきました。その理由として、ロジンが次のような特性を持っているからです。

①金属酸化膜を除去する化学作用がある
②母材およびはんだに対する被覆性が良い
③はんだ付後の残渣が不活性であり、電気絶縁性である
④有機溶媒に可溶であり、多様な供給法が可能である

ロジンはコロフォニウムとも呼ばれ、比重が1.05～1.09で、松から採れる天然の樹脂であり、その製法によりガムロジン、ウッドロジン、トオールオイルロジンに分類されます。

ロジンは松の樹幹から採り出される黄褐色のもろい固体であり、成分組成は松の種類と産地によって異なります。水には溶けませんが、アルコール、エーテル、ベンゼンにはよく溶けます。約80℃で軟化し、約90～180℃で溶融するために、はんだ付用フラックスとしての溶融温度の条件を満たしています。

ロジンのはんだ付用フラックスとしての作用は主成分であるアビエチン酸が担っています。アビエチン酸は $C_{19}H_{29}COOH$ の構造式で示され、Cu母材表面の酸化Cu (Cu_2O) と反応してアビエナイトCuを生成します。

$$2C_{19}H_{29}COOH + Cu_2O \rightarrow 2Cu(C_{19}H_{29}COO) + H_2O$$

アビエナイトCuは、はんだと容易に置換し、はんだのぬれを促進します。アビエチン酸は常温では不活性ですが、約170℃で活性になり、酸化膜 (Cu_2O) を除去し、最後に不活性なネオアビエチン酸になります。活性を呈する温度がSn系はんだの融点に近接しており、さらに、はんだ付後には安定(不活性)になることが、はんだ付用フラックスとして好都合になっています。

＊松やに(ロジン)は松の木から採取される天然の樹脂です。

第4章 はんだ付を支えるフラックス

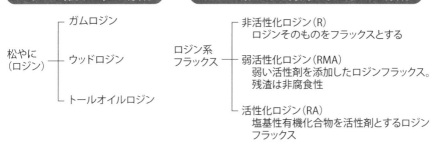

精製された"松やに"

提供：㈱日本フィラーメタルズ

松やには野球のロジンバッグや印刷インキなど用途は多種多様

4.5 活性化フラックスがはんだ付性を高める

　フラックスの主な作用は、母材およびはんだ表面の酸化膜を除去する化学反応であり、フラックスとしては化学的に活性な性質を持っていなければなりません。しかし、必要以上の活性は、はんだ付後のフラックス残渣による腐食が問題になるため、むしろ有害になります。

　はんだ付用フラックスとして、松やに、つまりロジンが代表的です。ロジンの主成分はアビエチン酸であり、アビエチン酸は常温では不活性ですが、170℃以上で活性になります。このようなフラックスは非腐食性フラックスと呼ばれています。

　ロジンは単体では化学的活性が弱いために、実際のはんだ付作業では、はんだのぬれ性や流動性が十分でない場合が多いです。そのために少量の活性剤を添加した活性化ロジンフラックスが使用されます。

　このことから、ロジン系フラックスは活性剤添加の有無と化学的活性の強弱とによって、非活性化ロジン、弱活性化ロジン、活性化ロジンに分けられます。

①非活性化ロジン（R）

　ロジンそのものをフラックスとするもので、固形のまま、またはアルコールやベンゼンなどの溶剤に溶かして使用します。

②弱活性化ロジン（RMA）

　非活性化ロジンに弱い活性剤を添加したロジンフラックスです。この場合の活性剤はロジンのフラックス効果を改善するものの、その残渣は非腐食性で電気絶縁性を有するものでなければなりません。

③活性化ロジン（RA）

　塩基性有機化合物を活性剤として添加したもので、ロジン系フラックスの中で最も活性が強く、はんだ付後、適当な洗浄法によって、フラックス残渣を除去する必要があります。

＊ロジン（松やに）に添加される活性剤をアクティベータ（activator）といいます。

ロジンフラックス用活性剤の性質

No.	活性剤	融点 (℃)	沸点 (℃)	溶解度*		
				水	エチルアルコール	エーテル
1	アニリン塩酸塩 $C_6H_5NH_2 \cdot HCl$	192	245	易	易	不
2	ヒドラジン塩酸塩 $NH_2NH_2 \cdot 2HCl$	96.2	2,403	易	微	微
3	臭化セチルピリジン $C_6H_5N(Br)(CH_2)_{15} \cdot CH_3$	77～83	2,403	易	易	
4	フェニルヒドラジン塩酸塩 $C_6H_5NH_2NH_2 \cdot 2HCl$	144.6	240（昇華）	微	∞	∞
5	テトラクロルナフタレン $C_{10}H_4Cl_4$	172		不	微	溶
6	メチルヒドラジン塩酸塩 $CH_3NHNH_2 \cdot HCl$					
7	メチルアミン塩酸塩 $CH_3NH_2 \cdot HCl$	232	230	溶	溶	不
8	エチルアミン塩酸塩 $C_2H_5NH_2 \cdot HCl \cdot$	110	270	易	易	不
9	ジエチルアミン塩酸塩 $(C_2H_5)_2NH \cdot HCl$	226	320～330	易	溶	不
10	ブチルアミン塩酸塩 $CH_3(CH_2)_3NH_2 \cdot HCl$	214		微	微	不

＊溶解度は不、微、溶、易の順に大きくなり、∞ は任意の割合に溶解することを意味する

やに入りはんだのフラックス特性（JIS Z 3283）

記号	活性度	フラックスのハライド含有量（％）
AA	低	0.1 以下
A	中	0.1 を超え 0.5 以下
B	高	0.5 を超え 1.0 以下

頑固な母材には活性の強いフラックスが必要

4.6 $ZnCl_2$-NH_4Cl系は高温はんだ付用フラックス

はんだ付には、特別な場合を除いて、必ずフラックスが用いられますが、その作用もきわめて重要であり、その特性がはんだのぬれ性や、はんだ接合部の信頼性にも影響します。

はんだ付用フラックスの性能は基本的には母材の性質や使用されるはんだの融点によって影響を受けるために、すべての母材やはんだに適用できる万能なフラックスは存在しません。

ところで、ステンレス鋼やクロメート処理鋼板などの強固な酸化膜を有する母材に適用されるフラックスは、無機酸や無機金属塩から成る腐食性フラックスです。この種のフラックスは、化学的活性が強いので母材酸化膜の除去能力が大きく、はんだのぬれ性も良くなります。無機金属塩が主成分になっているものは熱安定性が良いので、炉中はんだ付、抵抗はんだ付、高周波はんだ付など、いずれの方法にも適用できます。

代表的な腐食性フラックスは$ZnCl_2$-NH_4Cl系の混合塩であり、融点、活性温度、熱安定性などの条件が高温はんだに最も適しています。本系にKCl、NaClなどを添加して高温での安定性を高めたフラックスも用いられます。

$ZnCl_2$-NH_4Cl系フラックスではNH_4Clが重要な役を担っており、その活性は$ZnCl_2$単独では小さいが、NH_4Clが添加されることによって増進され、その添加量とともに著しく活性になります。

このように、$ZnCl_2$-NH_4Cl系フラックスの活性はNH_4Clの存在に大きく影響されますが、その理由は次のように説明されます。$ZnCl_2$とNH_4Clとを混合した場合は、その混合比に応じて$ZnCl_2 \cdot aNH_4Cl$の形で存在しますが、230℃以上の温度の下ではHClを遊離して$ZnCl_2 \cdot aNH_3$となります。この熱分解によって生じたHClのために、フラックスの化学的活性が急激に増大します。

＊ $ZnCl_2$系の固形フラックスは潮解性です。

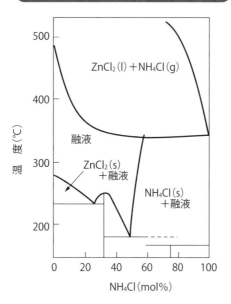

ZnCl₂-NH₄Cl 系溶融塩の状態図

主な ZnCl₂ 系フラックスの組成と融点

No.	化学成分（%）				融点（℃）
	$ZnCl_2$	NH_4Cl	NaCl	$SnCl_2$	
1	87	13			232
2	73	27			180
3	82		18		262
4	23			17	171

 ワンポイント

ZnCl₂-NH₄Cl フラックスは無機系フラックスの雄

4.7 ハロゲンフリーフラックスの役目

　ハロゲンとはF（フッ素）、Cl（塩素）、Br（臭素）、I（ヨウ素）および人工放射性元素であるAt（アスタチン）の5元素であり、互いに化学的性質が酷似しています。ハロゲンはいずれも負原子価として厳密に1価を示し、化学的に最も代表的な非金属であり、金属に対する親和力がきわめて強い元素です。塩を形成しやすいことから、造塩元素とも称されます。

　Fはハロゲン元素の中で最も化学作用が強く、天然に遊離状態で存在することはありません。はんだ付では最強の腐食性フラックスとして利用され、Alのはんだ付用フラックスには必須になっています。

　このようにハロゲンは金属と化合しやすいことから、これをはんだ付用フラックスに使用すれば母材酸化膜の除去作用が強くなり、良好なはんだ付性を示す強活性フラックスとなります。しかし逆に、はんだ付後のフラックス残渣がはんだ付継手部を腐食するようになります。したがって、はんだ接合部の信頼性確保の立場から、ハロゲンを含まないフラックス、いわゆるハロゲンフリーフラックスが求められます。

　ハロゲンフリーフラックスは水溶性と非水溶性とに大別されます。水溶性フラックスは水溶性の有機酸、アミンおよびアミノ酸、アミンおよびアミノ酸の有機酸塩を、グリセリン、ポリエチレングリコール、ソルビトールなどの水溶性ビークルに溶解したものです。実際にはこれを水またはアルコールで希釈したものが使用され、AgおよびAgめっき部材や腐食が問題となる電子部品などのはんだ付に多く適用されます。はんだ付後は水洗浄でフラックス残渣を除去します。非水溶性フラックスはロジンまたは合成樹脂に、有機溶剤に可溶な有機酸、アミン、アミンの有機酸塩を活性剤として添加し、テルペンまたはアルコールに溶解したものです。AgおよびAgめっき部材やハロゲンの混入を嫌う電子機器、あるいはハイブリッドICのはんだ付などに使用されます。

＊ハロゲンフリーの定義は Br＜900ppm、Cl＜900ppm、Br＋Cl＜900ppm です。

第4章 はんだ付を支えるフラックス

水溶性フラックスの分類

性質 \ タイプ	無ハロゲン	酸性	中性
ハロゲン量	200ppm以下	0.2〜3%	0.2〜2%
pH	3〜4	2〜3	6〜7
主成分	有機酸 有機アミン	有機酸 有機アミンハロゲン塩	有機酸 有機アミン 有機アミンハロゲン塩

水溶性フラックスの長所と短所

特性 \ 特徴	長所	短所
はんだ付特性	はんだ付性が良い はんだ付不良が少ない はんだ付速度が大きい	腐食性が大きい
設備	稼動費用が小さい 歩留りが高い 自動化対応が可能	水洗浄装置が必要 全面洗浄が必要 排水設備が必要
環境性	無害化が可能 水処理が可能 閉じ込めが不用	洗浄の外注処理が不可
信頼性	電解コンデンサなどには影響が少ない	対象部品ごとのデータが必要

 ワンポイント

フラックス効果に有効なハロゲンはその残渣に問題を残す

4.8 はんだに自己フラックス効果が生ずる

　自己フラックス効果または自溶効果とは、はんだ自身がフラックスとしての効果を呈することです。このようなはんだは"自溶性はんだ"と呼ばれ、フラックスを用いなくてもはんだ付が可能になります。

　はんだ付において最も重要な要素である"はんだのぬれ"は、はんだの還元作用によっても影響され、酸化膜を有する母材に対して特異なぬれ過程を示します。

　ここで、純Sn、およびLi、Na、Pをそれぞれ微量添加したSn合金が酸化Cu板上で広がる面積(広がり性)を調べた実験によれば、Li、Na、Pを含むものは純Snよりも広がり性が良くなります。酸化膜(Cu_2O)のSn、Li、Na、Pとの反応は次のようになります。

$$2Cu_2O + Sn \leftrightarrows 4Cu + SnO_2$$
$$Cu_2O + 2Li \leftrightarrows 2Cu + Li_2O$$
$$Cu_2O + 2Na \leftrightarrows 2Cu + Na_2O$$
$$5Cu_2O + 2P \leftrightarrows 10Cu + P_2O_5$$

　これらの反応が右に進むか、左に進むかは、それぞれの酸化物の生成自由エネルギーΔFの大小から定性的に判定することができます。つまり、Cu_2Oが還元されるのか、Cuが酸化されるのかがわかります。

　ここで、SnO_2、Li_2O、Na_2O、P_2O_5のΔFは、たとえば330℃では、それぞれ-458kJ/mol、-523kJ/mol、-332kJ/mol、-1219kJ/molであり、いずれもCu_2Oの-129kJ/molより小さいことがわかります。このことから、上記の反応はいずれも右方向に進み、酸化膜(Cu_2O)が還元されることになります。このようなことから、ΔFの小さい金属元素、つまりLi、Na、Pがそれぞれ添加されたSn合金ほど酸化Cu板上での広がり性が良くなる理由としては、それらの添加元素による酸化膜を還元する効果が大きくなることが考えられます。

純 Sn および微量添加元素を有する各種 Sn 合金の酸化 Cu 板上での広がり性

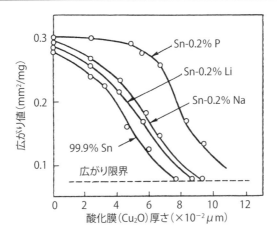

純 Sn および各種 Sn 合金の Cu 板、酸化 Cu 板上での広がり性

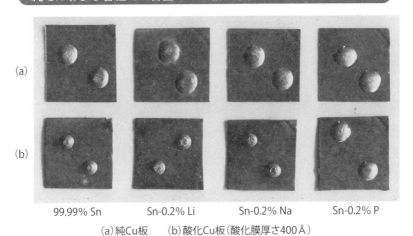

(a) 純Cu板　(b) 酸化Cu板（酸化膜厚さ400Å）

ワンポイント

フラックスレスはんだ付は "自溶性はんだ" によって可能になる

4.9 反応はんだ付という接合方法

　反応はんだ付とは、はんだを用いることなく、フラックスとフラックス、またはフラックスと母材との化学反応によって生成される合金（はんだ）によって接合する方法です。この方法は、Al母材に対する独特なはんだ付法になっています。

　Al母材に対して、$ZnCl_2$系や$SnCl_2$系フラックスによって行う反応はんだ付はその典型的な例であり、次式の反応によって析出する Zn、Sn がはんだとなって接合が行われます。

$$3ZnCl_2 + 2Al \rightarrow 3Zn + 2AlCl_3$$
反応温度：320～380℃

$$3SnCl_2 + 2Al \rightarrow 3Sn + 2AlCl_3$$
反応温度：280～340℃

　また、本法を塩浴反応はんだ付法にも応用することができます。その原理は共融混合塩、たとえばLiCl-KCl系の共融組成混合塩（LiCl-47.6% KCl：mp. 352℃）に$ZnCl_2$、$CuCl_2$、$SnCl_2$、$CdCl_2$などの金属塩化物を3～5%添加し、はんだ付すべきAl部材をその溶融塩浴に浸漬し、析出する金属、または析出金属とAl母材との反応によって生成される低融点の合金によって、はんだ付する方法です。その反応は、

$$mAl + 3M^{+m} \rightarrow mAl^{+++} + 3M$$
（M：塩化物の金属）
（反応温度：500～600℃）

となります。

　この方法ではAl母材の全体が析出金属で覆われるので、はんだとAl部材との電極電位差によって起こる電気化学的な腐食が少なくなります。はんだ付後の耐食性は、$ZnCl_2$、$CuCl_2$を含有する塩浴からZn、Cuをそれぞれ析出させたものが優れています。

Al 用反応フラックス

No.	化学成分 (mass%)		
	ZnCl$_2$	NH$_4$Cl	NaF
1	85	10	5
2	90	10	
3	95		5
4	90	8	2

Al の塩浴浸漬はんだ付法

(1) 試料組立

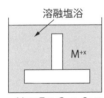

M^{+x}: Z^{++}, Cu^{++}, Sn^{++}
(2) 塩浴浸漬
(Al表面に金属析出)

(3) はんだ付完了

Al の塩浴反応はんだ付（界面組織）

(溶融塩：LiCl-38%KCl-10%ZnCl$_2$)

 ワンポイント

はんだを用いないはんだ付法もある

Column

はんだ付が環境汚染に関わるようになった

近年、Pbの環境への影響が懸念されています。つまり、廃棄された電子機器のはんだ付部材が酸性雨にさらされることによって、はんだの主成分であるがPbが地下水を汚染する、という問題です。

Pbイオンは人間の中枢神経を冒す毒性を持っています。Pbによって汚染された地下水は飲料水として直接に人間の体内に取り込まれるので、必然的にPbが摂取されてしまいます。対策として、地下水にPbが入り込まないようにすることが一義的に考えられますが、その方策として、

①電子機器の廃棄を止める

②電子機器にPbを使用しない

ことが考えられます。現実の問題として、①は現実的に難しく、②に依らざるを得ないのが実情です。

ここに、電子機器に最も多く使われているPbとして"はんだ"が取り上げられ、Pbを含有しないはんだ、いわゆる"Pbフリーはんだ"の開発が必要に迫られるようになりました。

では、廃棄された電子機器から、Pbがどのようにして地下水に溶け込むのでしょうか。Pbはイオン化傾向が小さいために、一般に希酸にはおかされませんが、硝酸のような酸化性の酸には溶解します。しかし、酸素が共存する条件の下では、弱酸にも容易に溶けて塩を生じます。

酸性雨の下では硫酸鉛（$PbSO_4$）および硝酸鉛（$Pb(NO_3)_2$）が生成され、これらは水に対して溶解度があるため地下水へ溶け込むことが懸念されるようになります。

このようなことから、Pbを含むはんだの使用が禁止されるようになり、Pbフリーはんだの使用が義務づけられるようになりました。この背景には電子機器の廃棄という社会問題と酸性雨という環境問題が関わっています。

第5章

はんだ付の方法と装置

技術と装置は表裏一体

5.1 はんだ付の前処理が大切

　はんだ付における前処理とは、はんだ付がより確実に、より能率的に行われるように、はんだ付の前に母材に施す一連の処理です。したがって、単に母材の表面を清浄にするだけでなく、はんだ付が困難な母材に対するめっき処理、直接にはんだ付ができない母材に対するメタライジング処理およびソルダレジストの塗布なども、はんだ付の前処理になります。

　しかし、基本的には、はんだ付の直前に行われる母材表面の清浄が最も重要になっています。

　母材の表面を清浄にすることは汚れや酸化膜を除去することであり、これらが完全に行われていない場合はフラックスの塗布性やはんだのぬれ性が妨げられます。その結果、ピンホールやブローホールなどのはんだ付欠陥の発生原因になりやすくなります。

　はんだ付を目的とする表面被覆には2つの意味があります。1つは、はんだ付が困難な母材や、直接にはんだ付できない母材に対して、はんだ付性を改善するために、はんだ付性の良い金属を被覆する方法です。他の1つは不必要な箇所へのはんだの流れを避けるために、はんだ付性の悪い非金属物質を塗布する方法です。これらは相反することですが、実際には、とくにプリント配線板のはんだ付で大変重要になっています。

　不必要な箇所へのはんだの流れを防止するために用いられる被覆剤として、一般には、はんだ付性の悪い非金属物質が用いられます。これらはソルダレジストと呼ばれます。

　はんだ付の信頼性を高めるための第一の基本条件として適正な前処理が求められます。はんだ付すべき箇所が確実にはんだ付され、はんだ付すべきでない箇所には、はんだが絶対にぬれないように管理することです。

＊はんだ付の3要素とは、1に前処理、2にはんだとフラックス、3に温度管理です。

はんだ付における前処理の分類

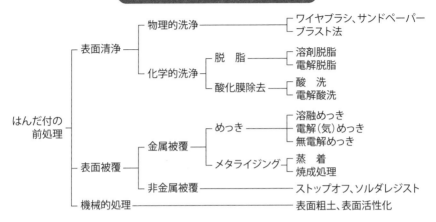

はんだ付性の傾向

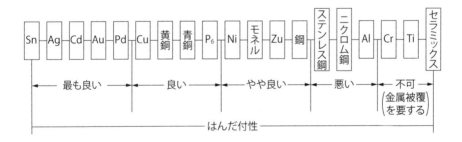

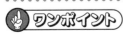

美しきもの必ずしも清らかならず

5.2 はんだ付の原点はこてはんだ付法

　こてはんだ付は、電子工業における最も基本的なはんだ付法です。現在の実装技術は確かに噴流法やリフロー法が主流になっていますが、手作業によるこてはんだ付も依然として重要であり、電子工業では欠かすことのできない接合技術に位置づけられています。その理由として、次のことがあげられます。

　①簡便な技術である
　②少量生産に適している
　③プリント基板の"後づけ"に不可欠である
　④はんだ付不良個所の手直しに不可欠である

　このように、こてはんだ付は必要不可欠であり、噴流法やリフロー法などの量産性のはんだ付法がいかに進歩しても、はんだ付による接合が行われる限り、こてはんだ付は存在し続けることになります。

　また、はんだごてに対する考え方も従来の概念とは異なり、さまざまな性能向上が図られながら改善されており、マイクロソルダリングに対応する小型化、正確な温度制御、リーク電流防止対策などが講じられたこてはんだ付装置が開発されています。

　はんだごての具備すべき条件として次のことがあげられます。

　①温度安定性が高く、熱量が大きいこと
　②温度降下が小さく、連続負荷が可能なこと
　③チップ交換が容易なこと
　④リーク電流がないこと
　⑤静電気を発生しないこと
　⑥磁性を引き起こさないこと

　このような条件を満たした新しいこてはんだ付装置が開発されており、今なおハイテク道具として活用されています。

＊現在のこてはんだ付法では、チップの材質と形状、こて温度管理技術に目覚しい進歩が見られます。

第 5 章 はんだ付の方法と装置

はんだごてチップの形状

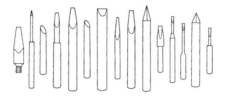

各種はんだごて

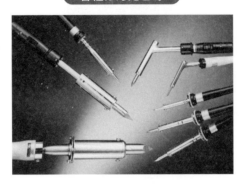

温度制御はんだごて

提供：白光㈱

🖐 ワンポイント

はんだごてはソルダリングアイアンと呼ばれる

5.3 はんだ付法のエースは浸漬はんだ付

　こてによるはんだ付では、はんだ付箇所を1つずつ付けていくので、1分間にはんだ付できる点数（はんだ付箇所）は熟練者でもせいぜい50〜80点です。

　しかし、プリント配線板のはんだ付においては1枚の基板には数百〜数千のはんだ付箇所があるので、こてはんだ付ではとても対応できません。そこでプリント配線板のように、多数のはんだ付箇所を有する母材には浸漬はんだ付法が適用されます。

　浸漬はんだ付法は、はんだ付対象部材を溶融はんだの中に浸漬してはんだ付する方法です。はんだ付速度が大きく、多数箇所を一括してはんだ付することができるため、プリント配線板のはんだ付には欠かすことのできない方法になっています。

　浸漬はんだ付では、はんだ浴槽の形式と浸漬方法が重要な因子になっています。はんだ浴槽は目的に応じて各種の形式のものが用いられますが、それらは静止浴槽と噴流浴槽とに大別されます。静止浴槽法は静止している溶融はんだ浴に、はんだ付部材を浸漬する方法であり、比較的単純な構造の部材のはんだ付に適用されます。

　噴流浴槽法は溶融はんだをポンプなどの駆動装置によって噴出させ、それにはんだ付部材を接触させてはんだ付する方法であり、複雑で微細な配線接続や実装密度の高いプリント配線板のはんだ付に適用されます。噴流はんだ浴槽の代表的な機構は回転ポンプやギヤポンプのよる方法が一般的ですが、電磁噴射方式やリニアモータの原理を応用した方式のものもあります。

　浸漬はんだ付法は高能率、高生産性、経済性などの観点から、プリント配線板のはんだ付には不可欠になっています。浸漬はんだ付なくしてプリント配線板の実装は不可能と言えます。

＊プリント配線板の実装には、浸漬はんだ付法が不可欠になっています。

第5章 はんだ付の方法と装置

代表的なはんだ浴槽の形式

(a)〜(c)静止浴、(d)〜(i)噴流浴

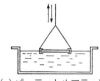
(a) パーティカルフラット方式

(b) パイ方式

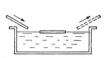
(c) フラットディップ方式

(d) フロー方式

(e) ウェーブ方式

(f) 二段ウェーブ方式

(g) フローディップ方式

(h) 多段フロー方式

(i) カスケード方式

異形波二重噴流浴槽

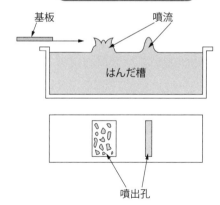

ワンポイント

数千カ所のはんだ付も3秒で完了する

5.4 なぜジェット噴流はんだ付法が必要なのか

　浸漬はんだ付法はきわめて経済性の高いはんだ付法になっています。
　ところが、実装密度が高められ、プリント配線板のはんだ付部が微小になると、はんだつららやブリッジあるいは不ぬれなどのはんだ付欠陥が多く発生するようになり、通常の噴流はんだ付法では対処することができなくなります。ここに、ジェット噴流はんだ付法が導入されるようになりました。
　ジェット噴流はんだ付法とは、ノズルから強制的に噴き出させた溶融はんだを、プリント配線板に吹き付けながら行う浸漬はんだ付法です。噴流はんだの流速は約2m/秒です。
　ジェット噴流はんだ付法は、挿入実装プリント配線板に対する噴流はんだ付の改良法として開発されましたが、表面実装基板に対する有効なはんだ付法であることが認められ、とくに高密度実装基板のはんだ付法として広く取り入れられています。
　本法の特長として、次のことがあげられます。
　①溶融はんだの流体力学的効果によるはんだ付性の向上
　②プリント配線板表面の過剰なフラックスの除去
　③チップ部品周辺の停留ガスの除去
　①の流体力学的効果は溶融はんだが高速で噴き出されるために、凸形になっている噴流は、はんだ表面の圧力がベルヌーイ効果（流体の流れの速い部分の圧力が小さくなる）によって減少し、その結果、溶融はんだがチップ部品の周囲全体に引き寄せられるようになります。
　②および③の効果は、高速で乱流になっている溶融はんだがプリント配線板に対して、"こすり作用"を与えるために得られます。
　ジェット噴流はんだ付法は他の浸漬はんだ付法には見られない特長があり、高密度実装基板に対する最も有効なはんだ付法になっています。

＊"こすり作用"には流体力学のベルヌーイの法則が関わっています。

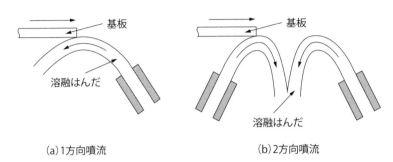

(a) 1方向噴流　　(b) 2方向噴流

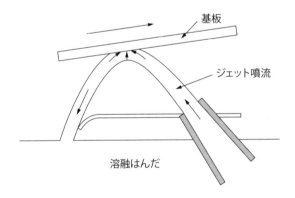

ジェット噴流は溶融はんだを高密配線の隅々まで行き渡らせる

5.5 リフローの代表は赤外線リフロー法

　電子工業においては赤外線をはんだ付の熱源とする赤外線リフロー法が最も広く利用されているはんだ付法になっています。

　赤外線は、その波長から近赤外線、中間赤外線、遠赤外線に分類されます。赤外線は熱作用効果が大きく、短波長のものほどそれが大きいことから、リフローはんだ付法の熱源として用いられます。赤外線リフロー法の特長として、次のことがあげられます。

　①熱効率が大きい（空気中でのエネルギー損失が小さい）
　②急速加熱と急速冷却が可能である
　③全体加熱方式および局部加熱方式のはんだ付に適用できる
　④クリーンなはんだ付法である

　電子工業における赤外線の応用は2つに大別されます。1つは赤外線光を一点に集光して得られるスポット熱源として、他の1つは電気炉の熱源として用いるものです。いずれも金属の熱処理やはんだ付に応用されています。

　スポット式加熱法は赤外線電球（近赤外線ハロゲンランプ）からの照射光を反射鏡で一点に集光し、はんだ付部を効果的に加熱するもので、楕円球面鏡の1次焦点に光源ランプを置き、2次焦点にはんだ付部材を置くものです。光源には波長域 $0.3 \sim 3\mu m$ のハロゲンランプが用いられ、反射鏡にはAuめっきを施して反射効率を高めています。

　電気炉方式加熱法では複数の棒状ランプが用いられ、ベルトコンベヤ方式による連続稼働のものが多く使われています。ニクロム線のような抵抗発熱体に比べて熱効率が高く、省エネルギーに寄与しています。また、赤外線ランプの種類（近赤外線、遠赤外線）、電力条件、搬送速度を変えることで炉内の温度分布を任意に設定でき、予熱とはんだ付温度の加熱パターンを任意に変えることが可能です。

＊赤外線リフロー法はリフローはんだ付の代名詞になっています。

各種電磁波における赤外線の波長区分

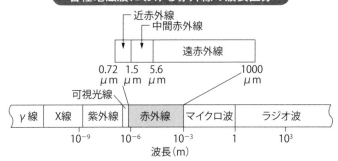

赤外線はんだ付法の原理

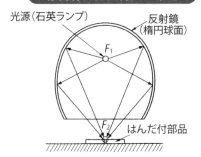

リフローはんだ付炉

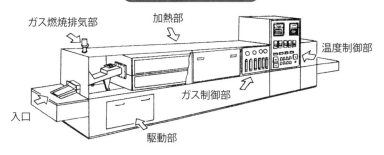

赤外線は電子工業界を照らす熱い光

5.6 気化潜熱がはんだ付に利用される

　一般的なはんだ付法では、はんだ付の熱源として伝導熱、輻射熱、対流熱、電気抵抗熱などが利用されますが、蒸気凝縮はんだ付法（VPS法）では有機溶剤の気化潜熱をはんだ付の熱源とするものです。

　ここで、気化潜熱とは気体が冷やされて液体になるときに放出される熱です。液体が気体になるためには一定の熱量を必要とするから、気体の状態にある物質は一定の熱量を持っていると見なすことができます。このような関係は、固体⇔液体の場合にも見られ、これを融解熱（潜熱）と呼んでいます。

　このように、温度変化の効果を示さずに物質の状態の変化のみに費やされる熱を潜熱と呼んでいます。

　蒸気凝縮はんだ付法では、特殊な有機溶剤の気化潜熱が利用されます。はんだ付対象部材が溶剤の飽和蒸気で満たされた装置内に挿入されると、それに接した蒸気は凝縮して気化潜熱を発生し、それによってはんだ付が行われます。本法の特長として次のことがあげられます。

①気化潜熱という物性を利用するために、はんだ付温度が正確に制御される
②はんだ付対象部材の形状に関係なく、全体が均一に加熱される
③はんだ付雰囲気が不活性になるために部材が酸化されない
④活性の弱いフラックスを用いて、または無フラックスでもはんだ付できる

　蒸気凝縮はんだ付法では、溶剤の気化潜熱がそのままはんだを溶かすための熱源となるので、使用する溶剤が最も重要になります。溶剤に求められる条件として、気化潜熱がはんだ付温度を満たすこと、毒性がないこと、熱的に安定していること、などがあげられます。

　装置は縦型のバッチ方式と横型の連続方式のものがあります。

＊潜熱（latent heat）とは、温度の上昇を伴わず単に物質の状態を変化させるために費やされる熱であり、状態変化の種類によって融解熱や気化熱があります。

融解潜熱と気化潜熱の関係

蒸気凝縮はんだ付用溶剤の性質

性質 \ 種類	溶剤			
	FC-70*	FC-71*	LS/215**	LS/260**
沸点（℃）	215	253	215±3	260±5
気化潜熱（J/g）	66.9	62.7	62.7	62.7
密度（Mg/m^3）	1.92	1.90	1.80	1.83
比熱（J/g/℃）	1.05	1.05	0.96	0.96
運動粘性率(10^{-2}cm^2/s)	13.4	73	3.8	7.1
表面張力（m N/m）	18	18	20	20
分子量	820	970	600	800

* フロリナート（アメリカ 3M 社）　** ガルデン（イタリア Montefluos 社）

蒸気凝縮はんだ付法の連続自動装置

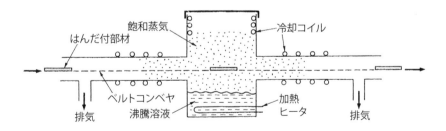

雪の降る夜は氷雨の夜より暖かい

5.7 微小はんだ付に適用されるレーザ光

　レーザとは輻射の誘導放出現象による光の増幅を意味し、時間的にも空間的にもコヒーレント（可干渉性）な光です。レーザの応用は多岐にわたっていますが、それは熱源として用いられる場合と、光源として用いられる場合とに大別されます。

　レーザがはんだ付に応用されるようになったのは電子機器の小型化と素子の微小化によって、それらの接合部（はんだ付部）が微細になったことに対処するためです。レーザはんだ付法では、はんだ付幅が数十μm程度のものでも可能になっています。

　レーザはんだ付法の原理は、レーザ光を光学的に集光して得られるレーザビームをはんだ付箇所に照射して加熱するものです。高密度・高エネルギーが得られるために、微小部のはんだ付を精度良く、かつ高速で行うことができることを特長にしています。加熱スポットのサイズを光学的に精度良く管理できるために、ごく微小のはんだ付が可能になり、はんだ付箇所以外の部材を熱的に損傷しないことも特長です。

　溶接分野で用いられるレーザは炭酸ガスレーザとYAGレーザがあり、前者は電気入力に対するレーザ出力の変換効率が大きい、ビームの集光性が優れている、などの特長を持っています。しかし、長波長（10.6μm）であるために、その吸収率が金属よりも非金属に対して大きく、電子工業におけるはんだ付では不都合になる場合があります。

　これに対して、YAGレーザは短波長（1.06μm）であるために、金属に対する吸収率が大きく、はんだ付に有利になります。また、レーザビームを光ファイバーで搬送したり、ビームを分岐して多点箇所の同時はんだ付が可能になるなどの利点があります。しかし、プラスチックに対しては逆に透過率が大きいために安全装置としての遮光に注意が必要になります。

＊レーザは、怪力光線や殺人光線などとして空想科学小説にも登場する光線です。

YAGレーザとCO₂レーザの特性比較

特性 種類	波長 (μm)	出力レベル (kW)	変換効率 (%)	集光性 (μm)	金属表面 での反射	金属の 吸収	非金属 の吸収
YAGレーザ	1.06	~0.5	3.5	数百	小	大	小
CO₂レーザ	10.6	~数十	10	数百	大	小	大

レーザはんだ付装置

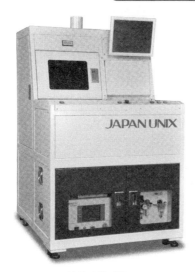

スライダー型　　　　　　　　レーザヘッド

提供：㈱ジャパンユニックス

ワンポイント

レーザビームは細小にして最強の光

5.8 超音波がはんだ付に応用される

　超音波は振動数が毎秒16,000Hz（ヘルツ）以上の、音として耳に聞こえない音波です。超音波はんだ付法は超音波をはんだ、または、はんだ付部材に印加し、そのキャビテーション効果によって酸化膜を除去しながらはんだ付を行う方法です。キャビテーションとは、超音波が印加された液体または気体の局所に発生する負圧であり、金属の表面を侵食したり酸化膜を破壊したりする効果を示します。超音波はんだ付法は、歴史的にはAlのはんだ付に最初に応用されたもので、その大きな特長は無フラックスでのはんだ付が可能なことです。

　超音波はんだ付法は、超音波の印加方法によって2つのタイプに大別されます。1つは超音波をはんだごてを介して印加する方法であり、他の1つは浸漬はんだ付におけるはんだ浴に印加する方法です。前者は、通常の電気はんだごてに発振装置からの電気信号を超音波に変換するためのトランスデューサを内蔵し、発生した超音波をこて先端チップに伝達させるものです。

　超音波はんだごてによるはんだ付過程は次のように考えられます。まず、超音波が印加されているこて先チップよって溶融はんだにキャビテーションが発生し、それが母材表面に作用して酸化膜を破壊します。露出した清浄な金属表面に溶融はんだがぬれるようになります。

　これに対して、後者は浸漬はんだ浴に超音波を印加する方法であり、もっぱらZn-Al系はんだを用いてのAlの無フラックスはんだ付に応用されてきました。

　なお、一般のはんだ付に超音波を適用するはんだ付法が注目されています。この方法は無フラックスはんだ付法であるため、フラックスを塗布する工程と、はんだ付後の洗浄が不要なことを大きな特長としています。

＊ 超音波は、NiやNi合金などの磁性材料が通電によって磁化されるとき、体積変化を伴う磁歪効果によって発生します。電流の向きを交互に変えることで膨張・収縮を繰り返します。

Alの超音波はんだ付における作用機構

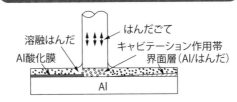

溶融はんだへの超音波の引加法

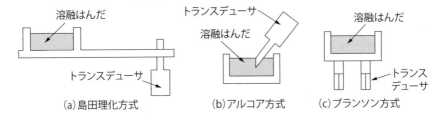

(a) 島田理化方式　(b) アルコア方式　(c) ブランソン方式

超音波はんだ付法の原理

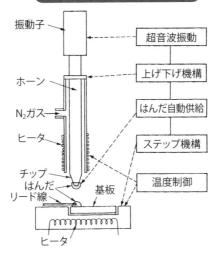

激しく揺すればフラックスは要らない

5.9 プラズマリフロー法は最新のはんだ付法

　無フラックスはんだ付法、いわゆるフラックスレスソルダリングはフラックスを用いないはんだ付法です。これまで雰囲気法や真空法などが試みられてきましたが、特殊な条件の下での方法を除いて、いずれも実用の段階までには至っていません。その大きな理由として、はんだ付温度で母材やはんだ表面の酸化膜を化学的に還元し、除去することが不可能であることがあげられます。

　ここで、無フラックスはんだ付の新しいタイプの方法として"プラズマリフロー法"が注目されています。本法は、はんだ付を水素プラズマ中で行うもので、水素プラズマ中で生成される水素ラジカル、つまり水素が原子状またはイオンとなって、活性を帯びている発生機の状態の還元力を利用するユニークな方法です。本法の特長として次のことがあげられます。

① 還元力の強い水素ラジカルがはんだ表面の酸化膜を除去する

$$SnO_2 + 4H^* = Sn + 2H_2O$$

$$Cu_2O + 2H^* = 2Cu + H_2O$$

② 真空雰囲気であるため、溶融はんだからのボイド(ガス気泡)放出が可能であり、はんだ付欠陥の発生が少なくなる

③ 急速加熱と急冷が可能なため、母材のはんだ溶食やはんだの結晶粒成長による接合部の強度低下が抑制される

　このような特長を利用して、はんだバンプ形成法として実用に供されています。従来から行われている水素雰囲気で形成されたはんだバンプと、水素プラズマ雰囲気で形成されたはんだバンプの形状を比較すると、両者に明らかに差異が認められ、水素プラズマの効果が明らかです。

　本法の装置が一般化されて無フラックス、無欠陥の"夢のはんだ付法"として発展することが期待されています。

＊ 無フラックス(fluxless)・無欠陥(zero defect)のはんだ付法は、究極のはんだ付法としてその開発が期待されています。

第5章　はんだ付の方法と装置

プラズマリフロー装置（模式図）

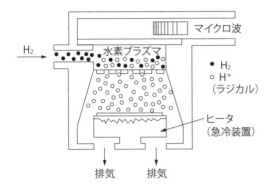

プラズマリフロー装置

提供：神港精機㈱

プラズマリフロー法によるはんだバンプの性状

（バンプ径80μm）

リフロー前

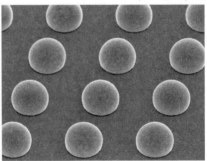

リフロー後

提供：神港精機㈱

 ワンポイント

人間の夢は必ずや実現する

5.10 はんだ付ロボットはなぜ開発されたのか

　はんだ付においてもロボットが使用される時代になりました。プリント配線板のはんだ付では部品の"後付け"としてのこてはんだ付の工程が必要になり、そのため、それに対応できるはんだ付ロボットが求められるようになります。

　はんだ付ロボットが開発され、それが実用化されたのは、はんだ付の長い歴史に比べればそれほど新しいことではありません。それは1970年代中頃のことですが、その後の進歩は目覚しく、多くの技術革新がなされて現在では最先端のはんだ付ロボットが稼働しています。

　そもそも、はんだ付作業をロボットに行わせるのはどのような理由からでしょうか。その理由として、次のことがあげられます。

　①技能の個人差（バラツキ）解消
　②品質管理の安定維持
　③技術者不足対策
　④微小はんだ付対応

　はんだ付ロボットの開発には解決しなければならないテーマが多く、その性能を左右する因子として、こてチップの材質と形状、はんだの形状と供給法、こての進入と退路のタイミング、加熱温度と時間が課題です。

　現在のはんだ付ロボットの特長として、ロボット本体の機能充実、多様な加熱法、操作プログラムの搭載があげられます。ロボット本体の制御軸数は従来の3軸から5軸（X, Y, Z, θ, L）となり、加熱法として、こて（チップ）のみならずレーザや光ビームなどが熱源として使用されています。

　プリント配線板の実装密度が高まれば高まるほど、微小はんだ付対応のはんだ付ロボットの導入が求められます。

＊はんだ付ロボットとロボットはんだ付は意味が異なります。前者は人の手を借りずにはんだ付を行う装置であり、後者ははんだ付作業をロボットで行う意です。

第 5 章　はんだ付の方法と装置

多軸型はんだ付ロボット

提供：㈱ジャパンユニックス

卓上型はんだ付ロボット

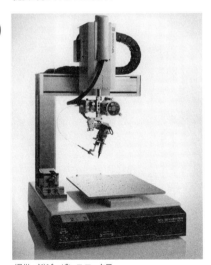

提供：㈱ジャパンユニックス

ワンポイント
製品の高品質化と高能率化に高機能ロボットが不可欠

5.11 ステップはんだ付が必要になる

　ステップはんだ付とは、近接している複数の部品のそれぞれの接合部を、融点の異なるはんだを用いて段階的に行うはんだ付法です。つまり、低い融点のはんだを用いたはんだ付継手部を有する実装基板に引き続いて高い融点のはんだを用いれば、先のはんだ付箇所が溶け落ちてしまうからです。したがって、高融点のはんだから順次使用します。

　半導体素子は使用目的に応じて多種多様の様式に組み立てられますが、半導体チップと基板との接合はすべてろう付およびはんだ付によって行われます。

　このように、複数のはんだ付箇所がある場合には、はんだの融点がステップはんだ付の関係で重要になります。つまり複数のはんだ付工程が順次行われる場合には、同じ組成のはんだでは融点が同じであるため、それぞれの複数箇所を同一のはんだで個別にはんだ付することは不可能です。

　そのような場合には、それぞれのはんだ付箇所をそれぞれ融点の異なるはんだを用いて、融点の高いはんだから順に用いてはんだ付します。実際には、はんだの融点だけではなく母材に対するぬれ性、はんだ溶食や合金層形成などの金属学的な適応性などが考慮されなければなりません。

　ステップはんだ付におけるはんだの選択にあたっては、多方面からの検討が必要になります。

　何事においても"順番"が重要であり、"順序"は守られなければならない大切な行為です。年下の者は年上の人に敬意を払うべきであり、むやみに先を越してはいけないとする美徳があります。はんだ付においても守らなければならない順序があります。はんだ付における"長"は融点の高いはんだ、"幼"は融点の低いはんだ、と言えます。

＊ステップはんだ付では、はんだの融点（液相線温度、固相線温度）がとりわけ重要な要素になっています。

ステップはんだ付法の原理

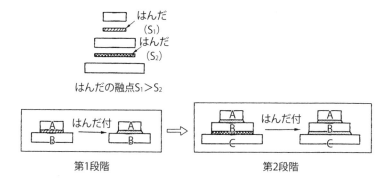

半導体の組立様式の例

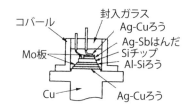

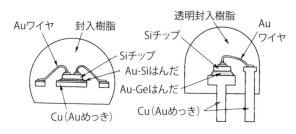

> **ワンポイント**
> 守られるべきものは長幼の序

5.12 ガラスもはんだ付ができる

　はんだ付の母材として、セラミックスやガラスなどの非金属が対象になる場合があります。セラミックスとセラミックス、またはセラミックスと金属とをはんだ付する方法は、セラミックスの表面にあらかじめ金属を被覆したものをはんだ付する方法と、直接はんだ付する方法とがあります。

　前者の方法では表面被覆が完全になされていれば、通常の金属材料をはんだ付する場合と大きな違いはありません。注意すべきことは、被覆金属がはんだによって溶食（はんだ食われ）されやすいこと、はんだ付界面に形成される合金層がはんだ付強さに大きく影響することです。

　これに対して、金属被覆処理を施さずにセラミックスやガラスを直接はんだ付する方法に、特殊なはんだを用いて超音波を印加しながら行う方法があります。はんだとしてSn-Pb系の基本組成にZn, Sb, Al, Ti, Si, Beなどを添加したものが用いられます。はんだ付機構として以下のことが明らかにされています。

①はんだ付性は、はんだの成分組成（微量添加元素）に大きく依存する

②はんだへの添加元素であるZn, Ti, Si, Al, Be, その他の希土類元素がはんだ付の機構に関する重要な役割を担っている

③O_2と強い親和力をもつ元素が添加元素として有効であり、それらの酸化物（M_xO_y）がガラスやセラミックスとの化学結合を強め、超音波の印加はそれを促進するにすぎない

④はんだ付の環境にO_2が存在することが必須の条件であり、O_2が完全に遮断されると、はんだ付が不可能になる

　以上のことから、本法のはんだ付の原理はO_2を媒体とするガラス/はんだ、セラミックス/はんだ、との間の化学結合であると考えられています。

＊ガラスの接合は、古くはB_2O_3-PbO-ZnO系やB_2O_3-ZnO-SiO_2系などの酸化物系はんだにより行われていました。

セラミックスのはんだ付法の分類

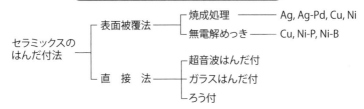

金属を被覆したガラスのはんだ付

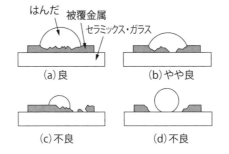

(a) 良　　(b) やや良　　(c) 不良　　(d) 不良

ガラスまたはセラミックスのはんだ付界面における元素の結合モデル

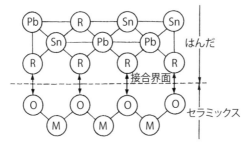

R：特殊金属元素（Zn, Ti, Sb, Be, Alなど）
M：セラミックスの金属元素（Si, Alなど）

ワンポイント

はんだ組成とはんだ付装置との組合せが鍵

5.13 アルミニウムのはんだ付が難しい理由

　Alは1886年にホール・エルー法による精錬が確立されて以来、まだ130年余の若い金属です。したがって、その接合の歴史もFeやCuに比べてはるかに浅いと言えます。さらに、Alを金属学的に接合すること（溶接）が難しいために、その技術が工業的な規模で応用されるようになったのは、鉄鋼材料の溶接などの長い歴史に比べればごく最近のことです。

　では、Alのはんだ付が難しい理由はどこにあるのでしょうか。その理由として、次の2つがあげられます。

　① Al表面が化学的に安定な酸化膜で覆われている
　②はんだとAlとの間の電極電位差が大きい

　①はフラックスに、②は使用するはんだにそれぞれ関わる問題です。

　①の問題に対処するために必然的に活性の強い腐食性のフラックスが用いられます。また、Al母材表面の酸化膜の性質はAl合金の種類によっても異なるので、そのはんだ付性は同じはんだとフラックスを用いてもそれぞれ違ってきます。

　②の問題に関しては、Alの電極電位が極端に小さく、それと同程度の電極電位を有するはんだはZn-5% Alはんだを除いて見あたりません。金属は固有の電極電位を持っており、他の金属と接触させて溶液に浸すと、電極電位の低い方の金属がアノードとなって溶け出します。Alの電極電位はきわめて低いために、はんだ接合部ではAl母材とはんだとの間にガルバニー腐食が発生するようになります。

　最近では空調の熱交換器や自動車のラジエータなどがAl化されていますが、それらの接合には融点の高いAl-Si系の"ろう"を用いる、いわゆる、ろう付法（ブレージング）が適用されています。つまり、真空ろう付法、雰囲気ろう付法、ノコロック法、超音波はんだ付法などによってほとんど問題なく接合することができるようになっています。

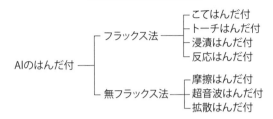

Alのはんだ付法

Al合金のはんだ付性

合金系	代表的な合金	はんだ付性	適用されるフラックス
1000（純Al）	1060	A	有機系または無機系
2000（Al-Cu系）	2014	B	無機系
3000（Al-Mn系）	3003	A	有機系または無機系
4000（Al-Si系）	4043	C	なし
5000（Al-Mg系）	5055	A	有機系または無機系
6000（Al-Mg-Si系）	6061	A	無機系
7000（Al-Zn系）	7072	A	無機系

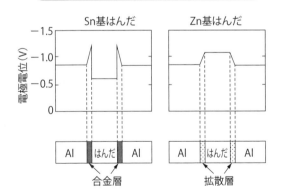

Alのはんだ付界面における電極電位

AlはAl_2O_3の状態で存在するのが最も安定している

5.14 ステンレス鋼のはんだ付は難しい

　ステンレス鋼が錆びにくい大きな理由は、鋼中のCrが酸化されて鋼の表面に緻密でごく薄い（数十Å程度）安定な酸化膜（不働態）を形成し、それが鋼自身を環境から保護するからです。

　はんだ付にとっては、この不働態皮膜の存在が逆に大変に不都合になっています。つまり、はんだは不働態被膜にぬれないために、それを除去しなければならないからです。そのために一般的には化学的に活性なフラックスが用いられます。

　活性の強いフラックスは、はんだ付後にフラックス残渣を洗浄によって必ず除去しなければなりません。しかし、はんだ付継手の形状によっては洗浄できない場合があります。そのような場合には、あらかじめステンレス鋼の表面にSn, Cu, Niなどのめっきを施しておき、後洗浄を必要としない非腐食性フラックスを使用するはんだ付法が適用されます。

　また、通常の無機系フラックスに塩化銅や塩化ニッケルなどを添加した、いわゆる金属析出型フラックスがしばしば用いられます。このようなフラックスを用いれば、ステンレス鋼も銅や鉄板のように容易になります。

　ステンレス鋼に使用されるはんだはぬれ性やはんだ付継手の機械的強さやの点から、Sn基はんだやSn濃度の高いはんだが使用され、Sn-3.5% Agが代表的になっています。ステンレス鋼自身は大変優れていますが、そのはんだ付継手部は必ずしも耐食性が良いとは言えず、水溶液中や湿った環境下では、むしろ耐食性が悪くなります。はんだとステンレス鋼との境界、とくに界面に形成される合金層が電気化学的な腐食によって選択的に溶け出すためです。したがって、外見上は、はんだ付継手部が健全であるように見えても、突然に剥がれてしまう場合があります。

＊不働態とは、金属が本来の状態よりも貴金属的（空気中で酸化されにくく、酸などにも冒され難い）な性質の状態になることです。

ステンレス鋼はんだ付継手の界面腐食（概念図）

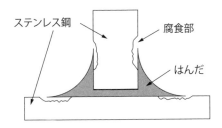

ステンレス鋼の各種フラックスによるはんだの広がり

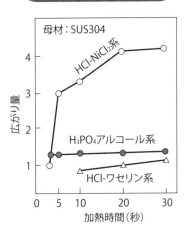

ステンレス鋼のはんだ付用フラックス

塩化亜鉛－塩化アンモニウム系			リン酸系		
塩化亜鉛	$ZnCl_2$	30%	正リン酸	H_3PO_4	50～85%
塩化アンモニウム	NH_4Cl	3%	水またはグリセリン		残
塩酸	HCl	1%	正リン酸	H_3PO_4	40～60%
水		残	第一リン酸ナトリウム	NaH_2PO_4	5%
塩化亜鉛	$ZnCl_2$	40%	リン酸アンモニウム	$(NH_4)_2PO_4$	2%
塩化アンモニウム	NH_4Cl	6%	水またはグリセリン		残
塩化錫	$SnCl_2$	2%			
塩酸	HCl	2%			
水		残			

 ワンポイント

はんだ付が難しい母材をはんだ付する鍵は必ず存在する

Column

公害は今も昔も

　"金属"が関与する近年の公害として、Cuによる足尾鉱毒（1890年代）、Hgによる水俣公害（1953～1953）、Cdによるイタイイタイ病（1968）、さらに近年のPb公害などがあります。同様の公害は過去の時代にもありましたが、その1つに奈良の大仏造立に関わるものがあります。

　仏教に深く帰依していた聖武天皇は国家社会に振りかかる災いを鎮めるために仏教による祭政一致の国家体制の具現を図ろうとし、全国に国分寺（僧寺と尼寺）建立の詔を発し、さらに大仏造立を発願しました。

　「それ天下の富をもつ者は朕なり。天下の勢いをもつ者も朕なり。この富勢をもって、この尊像をつくる。事や成り易くして、心や至り難し云々」と宣しました。

　奈良の都の象徴でもある東大寺の本尊盧舎那仏像（奈良の大仏）は本体の鋳造が749年に完了し、聖武天皇の悲願の大事業が成し遂げられました。

　その後、Auめっき工事におよそ5年の月日が費やされ、金色の大仏像が完成したのは755年のことです。その間、前面だけの金めっきが仕上がった752年にわが国で最初の大規模な大仏開眼供養会が盛大に執り行われました。その当時に施されたAuめっきは現在では痕跡程度になっていますが、完成当時は金色に輝く大仏の姿であったと言われます。

　当時のAuめっき施工はHgにAuを溶かしたアマルガムを塗布し、これを加熱してAuを析出させる方法で行われましたが、その作業過程で発生するHg蒸気による中毒者が多数現れ、かなりの犠牲者が出たと言われます。当時は原因不明の病とされたものの、国家的大事業遂行の名の下に作業が続けられ完成に漕ぎつくことができました。

　大仏のめっきや仏身装飾に使用されたAuは10,446両（約440kg）であり、めっきには4,187両のAuが使用されたそうです。

＊公害は地球上の人間によってもたらされ、その被害は自らの責任で解決しなければならないことは言を俟たず、為政者がそれを黙殺することは許されません。

第6章

マイクロソルダリング
への応用

現代を代表する微小接合技術

6.1 マイクロソルダリングは接合技術の華

　マイクロソルダリングとは何か、に対する確かな答えは見あたりませんが、一般的には電子工業における「微小部のはんだ付」を総称すると考えて差し支えありません。この場合、"微小部"とは通常、数mm以下の寸法のものが対象にされます。

　電子機器の小型化・軽量化に伴って、電子回路のIC化やLSI化が進められた結果、当然のことながらそれらの接合部も微小化・微細化され、ここにマイクロソルダリングがエレクトロニクス産業における重要な生産技術として位置づけられるようになりました。

　マイクロソルダリングはその応用分野から2つの技術分野に分けられます。1つは、半導体素子と導体との接続、あるいは素子相互間の電気的接続を目的とした"はんだ付"です。この場合、従来のはんだ付技術と基本的には同一で、はんだ付継手が微小であることだけが異なっています。はんだ付継手が微小であるために、はんだが持っている固有の特性（融点、表面張力、ぬれ性など）を最大限に利用できます。他の1つは、半導体やICのパッケージングに応用される場合です。

　マイクロソルダリングでは、微小なはんだ付部材の正確な位置合わせや高密度端子間のピッチ調整がとくに重要であり、これらを機械的に制御するためには、いかに精巧な装置をもってしても確実に調整することはほとんど不可能です。しかし、これらは、はんだ付の過程に溶融はんだの表面張力や粘度などの物性、あるいは金属学的な特性を巧みに応用することで解決できます。マイクロソルダリングにおけるこれらの手法は、他の接合技術には見られない独特な方法になっています。

　一方、マイクロソルダリングでは、はんだ接合部が小さくなると、使用環境下での酸化、腐食、衝撃破損、応力腐食割れなどが加速され、はんだ接合部の寿命に影響を与えるようになります。

第6章　マイクロソルダリングへの応用

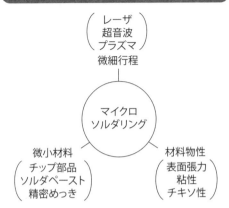

マイクロソルダリングを構築する因子

- レーザ
- 超音波
- プラズマ

微細行程

マイクロソルダリング

微小材料
- チップ部品
- ソルダペースト
- 精密めっき

材料物性
- 表面張力
- 粘性
- チキソ性

身近な小型電子機器

（外側）　　（内側）　　携帯型小型ラジオ
携帯電話機

デジタルカメラ　　タブレット

ワンポイント
複雑に見えるが、簡単明確な原理に基づいている接合技術

6.2 電子機器の小型化の鍵を握るマイクロソルダリング

　最近の電子工業においては機器の小型化・軽量化・薄型化・高機能化が強く求められています。これらを実現するために、使用される電子部品の微小化・軽量化もさることながら、CSP 実装、FC 実装、BGA 実装などの先端実装技術が大きく寄与しています。これらの実装法はチップまたは部品の下面にバンプを格子状に配置し、チップまたは部品自体の面積内に多数の接続端子を一括リフローすることで接続する方法です。

　これらの技術は、最近の携帯電話機やデジタルカメラに代表されるように実装密度を高くし、しかも搭載するチップや部品の端子数を増大させなければならないという矛盾する問題を解決するために登場しました。これらの実装では、バンプ（微小な小突起状のはんだ塊）による接続が主要技術となっているために、その鍵はバンプの形成技術にあります。はんだバンプ形成は、次のような方法によって行われています。

　①ボールはんだをリフローする
　②はんだめっきをリフローする
　③ソルダペーストをリフローする

　はんだバンプは直径が約 0.6mm の突起状のリードであり、その形成は溶融はんだの表面張力という物性を巧みに利用することで行われます。

　はんだ付は過去の概念では単に、モノとモノとを接続する技術として位置づけられていましたが、現在ではさらに一歩進んで、"微小生産技術" の一端を担うようになっています。この微細生産技術が推し進められれば推し進められるほど微細はんだ付技術が進歩し、それによる高密度実装化が推し進められ、電子機器のさらなる小型化と軽量化が達成されることになります。

＊ 現在の携帯電話機の重量と容積はそれぞれ 30 年前に比べておよそ 1/10、1/20 であり、体積密度は 1 以下になっています。

第6章 マイクロソルダリングへの応用

電子機器の小型化に関わる事項

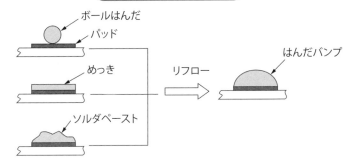

はんだバンプの形成法

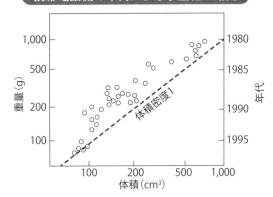

携帯電話機の年代による小型化の動向

微小な事象には微細技術の適用が肝要

6.3 はんだ付技術の進歩と実装法の変遷

電子工業においてはマイクロエレクトロニクス化が急速に進んでいますが、それによってプリント配線板に対する実装法にも大きな変革がもたらされてきました。実装法の進展とともに半導体素子が微小になり、新しい形体のパッケージが開発され、現在ではほとんどのプリント配線板に表面実装法が適用されています。

表面実装とは、プリント配線板にスルーホールを設けずに、基板表面に形成された導体回路のみを用いて電気的接続を行う部品搭載法です。表面実装法が導入されたことによって、電子部品の形状やはんだ材料、さらに、はんだ付法およびはんだ付装置に大きな変革が余儀なくされました。搭載される部品として、0402、0603、1005などの微小チップ部品と、COS、FC、BAGなどのフラットパッケージが多く利用されるようになっています。

表面実装法には次のような特長があります。

① 実装密度が高められるため、実装基板における電気信号の高速化が図られる
② はんだ付によるセルフアラインメント効果が可能になる
③ 工程の自動化が容易になる
④ 大量生産によるコスト低減が可能になる

これらの中で、①と②が大きな特長になっています。表面実装法を導入することによって実装密度は高くなりますが、搭載電子部品のチップ化がその鍵を握っています。さらに、表面実装による高密度実装の達成はICパッケージにおいて著しく、ピッチ幅を小さくすればするほど高密度化が可能になります。現在では $8 \sim 16$ 個 $/cm^2$ の実装が可能です。

新しいはんだ付技術の開発は新しい実装法を生み出し、はんだ付法と実装法とは切っても切れない間柄にあると言えます。

＊はんだ付技術と実装法は、ともに二人三脚で歩む間柄にあります

第6章 マイクロソルダリングへの応用

実装法形態の変遷

挿入実装基板　　→　　表面実装基板　　→　　多層回路基板
（第1世代）　　　　　（第2世代）　　　　　（第3世代）

実装部品と実装法の移り変わり

年代	実装部品	実装法
1960年以前	真空管、大型部品 トランス、シャーシ	こてはんだ付 （タグ配線）
1960年代	トランジスタ TO型パッケージ リード付き部品	片面プリント配線板 スルーホール挿入はんだ付
1970年代	ICの開発 DIP型パッケージ	浸漬はんだ付法の進化 CCB
1980年代	QFPパッケージ 表面実装用部品（チップ部品）	リフローはんだ付法の進展 赤外線リフロー法
1990年以降	周辺端子型パッケージ BGAパッケージ	レーザはんだ付 ロボットはんだ付

TO（Transistor Outline）
　プリント配線板やソケットに挿入するためのリード端子を有する箱型または缶状のパッケージ

CCB（Controlled Collapse Bonding）
　溶融はんだ付の表面張力をはんだバンプの形成、チップの位置合わせ、端子間のズレ修正などに巧みに利用する接続法

DIP（Dual In-line Package）
　プラスチック製またはセラミック製の本体の両側から接続端子が下方に配置してある挿入実装用のパッケージ

QFP（Quad Flat Package）
　矩形本体の各辺に接続端子を有する表面実装用のパッケージ

 ワンポイント

実装法の進歩は、はんだ付技術の進歩を映す鏡である

6.4 マイクロソルダリングで重用されるCCB法

　CCB法を代表するコントロールドコラプスチップコネクション法、いわゆるC4法は溶融はんだの表面張力や毛管流入などのはんだ付に特有な現象を巧みに利用するものであり、はんだバンプの形成、チップの位置合わせ（セルフアラインメント）、端子間ピッチのズレ修正、などに効率良く応用されます。

　C4法は半導体素子の電極部に設けたはんだバンプを基板のパッド部に直接フェイスダウンで接続する方法であり、ワイヤボンディング法の欠点である低い生産性を改善し、信頼性を高めることを目的に開発されました。本法の特長として次のことがあげられます。

　①半導体素子の全面に接続端子を形成できる
　②高密度実装が可能になる
　③接続配線が短くなり、回路が高速化される

　ここで、チップの電極部にはんだ端子（はんだバンプ）を形成する方法として、チップ上に形成されたはんだバンプは、それ自体が端子とはんだを兼ねて基板上の導体にはんだ付されます。

　半導体素子を導体回路の所定の位置に正確に固定（はんだ付）する場合にもCCB法が応用されます。Siチップを基板端子にはんだ付する場合、あらかじめ所定の位置にはんだバンプが形成されているSiチップを、導体端子に塗布したフラックス、またはソルダペーストの粘着力で仮固定し、これを加熱してはんだバンプを溶融します。こうすると、仮固定の段階でチップと端子との位置関係にズレがあっても、溶融したはんだの表面張力によって所定の正しい位置に修正されます。

　CCB法の開発は、はんだ付法に一大改革をもたらし、マイクロソルダリングの礎となりました。

＊CCB法は溶融はんだの物性のすべてを巧みに利用する技術です。

第6章　マイクロソルダリングへの応用

C4法の基本原理

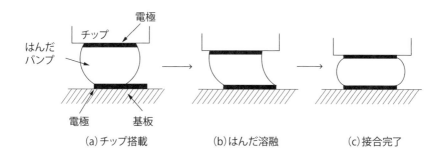

(a) チップ搭載　　(b) はんだ溶融　　(c) 接合完了

CCB法による自己位置合わせ

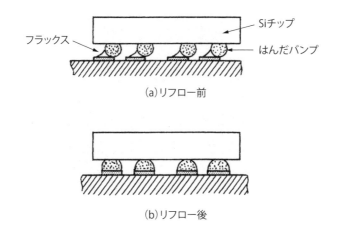

(a) リフロー前

(b) リフロー後

 ワンポイント

CCB法はマイクロソルダリングの華であり、根幹技術でもある

6.5 セルフアラインメント効果の利用

　セルフアラインメント効果とは、表面実装プリント配線板上のチップ部品が、はんだ付時に溶融はんだの表面張力によって、所定の位置に正しく整列してはんだ付される効果です。

　セルフアラインメント効果では、溶融はんだの物性（表面張力、粘度）や金属学的な特性がはんだ付の過程に巧みに応用されています。つまり、はんだ付前のチップ部品セット時に位置合わせにズレがあっても、はんだが溶融すれば、その表面張力によって正しい位置に自然に修正されてはんだ付されます。

　半導体素子を導体回路の所定の位置に、正確に固定（はんだ付）する場合にもセルフアラインメント効果が応用されます。つまり、あらかじめ所定の位置にはんだバンプが形成されているSiチップを、導体端子に塗布したフラックスまたはソルダペーストの粘着力で仮固定し、これを加熱してはんだバンプを溶融します。この場合、仮固定の段階でチップと端子との位置関係にズレがあっても、溶融したはんだの表面張力によって所定の正しい位置に修正されます。しかも、Siチップと基板との間の継手間隙がはんだの表面張力、端子の寸法およびSiチップの重量によって自然に一定になります。

　したがって、はんだの組成と体積、端子の形状、および加熱温度が一定に維持されれば、Siチップは常に所定の位置に一定の形状で、はんだ付されます。セルフアラインメント効果は実装部品が小さくなり、軽量になったことによるマイクロソルダリングに特有な現象です。

　セルフアラインメント効果では、表面張力という目に見えない力が電子機器の実装に効率良く利用されています。微小接合技術を代表するマイクロソルダリングならではの現象であり、まさに物性応用の真骨頂と言えます。

＊相手の力の大きさ（重量）がわかれば、表面張力という小さな力でも対抗することができます。

第6章 マイクロソルダリングへの応用

BGA法におけるセルフアラインメント効果

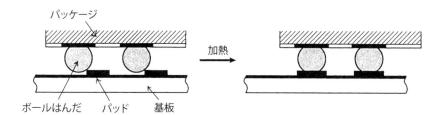

セルフアラインメント効果

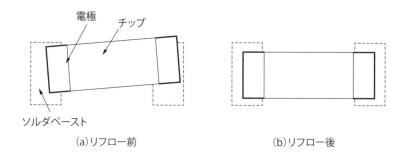

(a) リフロー前　　　　　　　(b) リフロー後

小さな力が大きな仕事をする

6.6 実装技術の主流はBGA法

　半導体およびパッケージの実装法としてBGA（ボールグリッドアレイ）法が多く採用されています。BGA法は、ピンやリード端子の代わりにバンプ（微小な突起状のはんだ塊）を用いる接合法であり、バンプをパッケージ裏面に格子状に配置したもので、次のような利点があります。

①多ピン化が可能である（400〜1,000ピン）
②高密度実装が可能（単位パッケージサイズ当たりのピン数が多い）
③セルフアラインメント効果による効率的な位置合わせが可能
④QFPなどの周辺配列端子パッケージ法に比べてリフローが容易
⑤実装不良の発生率が小さく、実装歩留りが大きい

　中でも、セルフアラインメント効果による効率的な位置合わせがBGA法を最も特徴づけています。つまり、BGAパッケージがリフロー時に配線板上の所定の位置に正しくはんだ付されます。

　プリント配線板の実装密度が高くなると、はんだ付前の部品セットの位置合わせが困難になり、その成否がはんだ付不良の発生原因に深く関わるようになります。

　格子配列端子であるBGA実装においては、周辺配列端子を有する部品のQFP実装に比べて、部品セットの位置合わせ（位置ズレ）の許容量が大きくなります。つまり、QFP実装では実装密度を高めるためには端子のピッチ幅を小さくしなければならず、リフロー時にブリッジなどの不良が発生しやすくなります。これに対して、BGA実装ではリフロー時にセルフアラインメント効果によって、不ぬれやブリッジなどのはんだ付不良の発生が少なくなり、実装不良率が大幅に減少します。これがBGA実装におけるはんだ付を容易にしている大きな理由です。

　このようなことから、現在では世界のほとんどの電子機器メーカーがBGA実装を採用するようになっています。

BGA法の基本構造

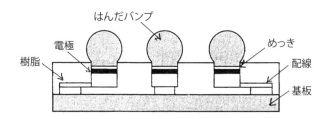

BGA法およびQFP法による不良発生率

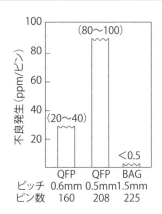

BGAパッケージ（27×27mm）

提供：㈱日本フィラーメタルズ

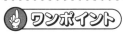

実装法もはんだ付法も、ともに進化する

6.7 "部品立ち"はツームストン現象

　ツームストン現象は微小チップ部品をリフローはんだ付した場合に、チップ端子の片側のみがはんだ付されることによって、チップが立ち上がることです。あたかも、墓石（ツームストン）が立っているかのような外観を呈するため、この名で呼ばれるようになりました。さらに、都会の高層ビル群やイギリスの史跡である巨大な石柱群にも似ていることから、マンハッタン現象やストンヘンジ現象などとも呼ばれます。この現象は、表面実装に用いられるチップ部品が微小になったことで起こるところの、マイクロソルダリングに特有な現象になっています。

　この現象には多くの原因が複雑に関与しますが、その主なものとして、次のことがあげられます。

　①加熱速度と加熱方向のバラツキ
　②ソルダペーストの特性（融点、粘性）
　③予熱の不足と不均一
　④端子の大きさと形状

　ツームストン現象の発生機構について1つの解析例として、以下のモデルが提案されています。

　チップ部品の片側のみがはんだ付された場合は、部品を下方に押し下げようとするモーメント T_1、T_2 と、それを上方に持ち上げようとするモーメント T_3 が作用します。T_1 はチップ部品に作用する重力によるモーメント、T_2、T_3 はそれぞれ導体端子に作用する溶融はんだの表面張力によるモーメントです。

　これらの式から $T_3 > T_1 + T_2$ であればツームストン現象が起こり、逆に、$T_3 < T_1 + T_2$ であればツームストンは起こらないことになります。

　ツームストン現象の発生メカニズムがある程度解明されているため、かなりの程度で防止できるようになっています。

＊微小な力の事象も力学の現象として取り扱うことができます。

ツームストン現象

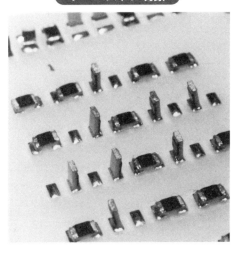

ツームストン現象の解析モデル

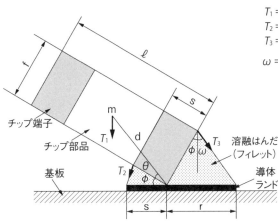

$T_1 = mgd\cos(\phi + \theta)$
$T_2 = \gamma_s \cos\phi / 2$
$T_3 = \gamma_f \sin(\phi + \omega)$
$\omega = \tan^{-1}\left(\dfrac{\gamma - f\sin\phi}{f\cos\phi}\right)$

- m：チップ部品の単位幅当りの質量
- g：重力の加速度
- γ：溶融はんだの表面張力
- d：回転支点とチップ部品の重心との距離
- f：チップ部品の端子幅
- s：チップ部品端子の導体幅
- r：はんだ付ランド長さ

自然現象には時に勇み足もある

6.8 リフトオフは特異な現象

　リフトオフはスルーホール基板の浸漬はんだ付において、はんだフィレットが基板ランドから剥がれる現象であり、その発生は、はんだの凝固温度範囲に起因する合金学的な現象として説明されます。

　一般に通常の鋳物合金では、最後に凝固する中心部に低融点成分が偏析しますが、凝固温度範囲の広い合金の凝固過程では逆偏析が起こりやすくなります。逆偏析とは、広い凝固温度範囲を有する鋳物合金において通常の偏析とは逆に、鋳塊（ちゅうかい）表面外周部に共晶成分や低融点物質が押し出される現象です。

　逆偏析は固液共存の凝固過程において、すでに凝固した固体結晶の冷却に伴う固体収縮による圧力や、樹枝状晶間の細隙に融液が浸透する毛細管現象によって引き起こされます。

　ここで、約180℃の融点を持つSn-Bi系はんだ（約35% Bi）には広い凝固温度範囲が存在します。このはんだを浸漬はんだ付に使用した場合には、その冷却過程では、初めに初晶として樹枝状晶（Sn）が晶出し、固体と融液が混在する固液共存の凝固過程をたどります。固液両相が共存する状態では、固相（樹枝状晶）の結晶偏析によって残留融液のBi濃度が高くなり、この融液が内部から外表部に押し出されて浸出するようになります。最後に凝固する融液は最も融点の低い共晶組成に近い成分であり、それが最後に凝固する場所は最も温度の高いところ（最も冷却が遅いところ）、つまり基板ランド部です。最後の融液が凝固する段階では、すでに固体となっているフィレット全体の固体収縮が始まっており、この収縮によってランドとフィレットの液相界面で剥離が起こるようになります。この現象がリフトオフです。

　この現象は、凝固温度範囲の広いはんだを用いた場合に起こる"溶け分かれ"の逆の現象と見なすことができます。

＊"リフトオフ"と"溶け分かれ"は表と裏の関係にある現象です。

第6章 マイクロソルダリングへの応用

リフトオフ現象

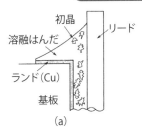
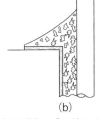

(a) はんだの凝固開始。初晶のデンドライト晶出

(b) 凝固進行。デンドライトの増加。凝固の進行とともにランド表面近傍に低融点組成の成分が集まる

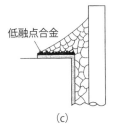
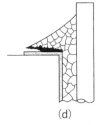

(c) スルーホール部およびフィレット部はんだの凝固終了 低融点合金がランド表面に液状層(逆偏析)となる

(d) スルーホール部の凝固はんだの収縮によってフィレット部に引張応力が生じ、ランド表面の液状層から剥離する(リフトオフ)

スルーホール基板に発生したリフトオフ

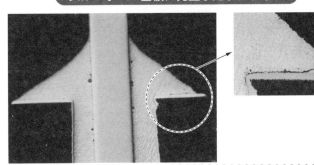

 ワンポイント

スルーホール基板のはんだ付継手界面で発生する意外な現象

6.9 BGA端子に発生するブラックパッド

　BGA実装では、0.2～0.6mmのボールはんだが外部端子の役を担っていますが、母材としてのCuパッドとの接合が実装の信頼性を左右するキーポイントになっています。

　BGA端子部の一般的な構成は、一連の実装工程によるCuパッドの酸化を防止するためにめっきが施されますが、そのめっきの種類とめっき方法が接合強さに影響することが明らかになっています。Cuパッドへの一般的なめっき処理は、NiまたはNi-P（無電解）と約0.02～0.05μmのAu（置換）です。これらのめっきにボールはんだをぬらすことで外部端子が形成されますが、その接合界面が異常を来たす場合があります。

　Auめっきはきわめて薄いためはんだに溶解し、はんだはNiまたはNi-Pめっきに直接ぬれるようになります。Ni-Pめっきの場合は、その表面の一部はAuの置換めっき処理の過程で腐食されたり、変質したりします。この現象はブラックパッドと呼ばれ、はんだのぬれに悪い影響を与え、ディウェッティングなどが引き起こされやすくなります。

　さらに、PbフリーはんだはSn基であるため、はんだ付継手の強さが下地の無電解Ni-P層の侵食や酸化の影響を受けやすくなったため、それらの影響を抑制する無電解Ni-Pめっき法の開発が必要に迫られるようになりました。

　最近、還元剤の代わりに、熱的に安定な下地保護剤を導入した新しい概念の置換めっき法が開発されています。下地保護剤は置換めっき反応の過程でNi表面の酸化を防止し、同時にNiの析出を均一化し、侵食やピットなどの発生を抑制する作用があります。

　このようなことから、BGA実装においては、Cuパッドに対するめっき処理方法が接合部の信頼性に及ぼす大きな因子になっており、はんだ付部材が微小になればその影響が加速され顕著になります。

＊めっきの処理過程の異常な反応が、はんだ付性に思わぬ影響を及ぼします。

第6章 マイクロソルダリングへの応用

ブラックパッドの発生機構

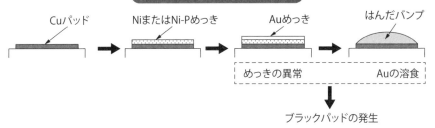

BGA端子の構造

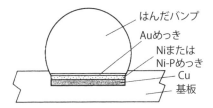

ブラックパッド

提供:日本高純度化学㈱

👉 **ワンポイント**

先端マイクロソルダリングにも落とし穴が潜む

6.10 マイクロソルダリングには問題が多い

　マイクロソルダリングとは微小部品を対象にするはんだ付法であり、特別な方法ではなく、通常のはんだ付法と同じであり、ただ対象になるはんだ付部が微小であることだけが違っているだけです。

　しかし、はんだ付部が微小になり、かつ高密度化されるにつれて、従来にはほとんど問題にならなかったことが重大な問題となって表れるようになります。すなわち、マイクロソルダリングでははんだ付に関わる諸現象が顕著になり、かつ増長され、それらがはんだ付欠陥の発生およびはんだ付故障の原因になる場合が多くなっています。

　マイクロソルダリングの問題として、次のことがあげられます。

①はんだ付の設計に関する事項

　微小ピッチ、高密度化、熱膨張・熱放散（耐熱疲労強さ）

②はんだ付の母材に関する事項

　はんだ付性、はんだ溶食、ノンバルク性

③はんだ付の材料に関する事項

　はんだペースト（組成、粘度、洗浄性）、はんだの形状と供給法、不純物（ガス、放射性元素）

④はんだ付の工程に関する事項

　リフロー法の選択（洗浄法、無洗浄法）、はんだ溶食、合金層の形成、残留応力

⑤はんだ付の検査に関する事項

　自動はんだ付検査装置（X線法、レーザ法、超音波法、光切断法）

⑥使用環境に関する事項

　酸化、腐食、疲労、マイグレーション

　これらの中でも、ファインピッチ対応のはんだ付技術の確立と、後処理としての洗浄についての対処法が大きな問題になっています。

従来のはんだ付法とマイクロソルダリングの比較

	従来のはんだ付法	マイクロソルダリング	問 題 点
はんだ材料	やに入りはんだ 浸漬浴用はんだ 成形はんだ	ソルダペースト ボールはんだ 急冷凝固はんだ	微量不純物の影響 （ガス、放射性元素）
はんだ付工法	浸漬法 リフロー 噴流法	BGA法 VPS法 レーザ法 プラズマ法	ツームストン現象 リフトオフ現象
検 査	目視検査 導通検査 耐久試験 表面酸化 腐食	界面張力法 （メニスコグラフ法） X線法 レーザ法 3D検査法	微小はんだ付不良箇所の見落し 微細異状箇所の見落し

ワンポイント

マイクロ化されてまた増えたはんだ付の悩み

6.11 はんだ付を凌駕する実装法は開発されていない

　電子工業における実装の主役は「はんだ付」です。電子工業の長い歴史の中で、はんだ付が使用されなかったことは一度もなく、現在に至っています。そして電子工業、とくに最近のようにマイクロエレクトロニクスが大きく発展すればするほど、それだけはんだ付が重要な実装技術に位置づけられるようになっています。この事実は、はんだ付が電子工業の実装に必要不可欠であることの証でもあります。はんだ付に代わる実装法がいまだに開発されていないという事実は、裏を返せば、はんだ付はそれほどまでに優れた実装技術であることを意味しています。はんだ付の大きな特長として、次のことがあげられます。

①原理の単純性

②技術の簡便性

③経済性

　はんだ付の原理は単純かつ簡便であり、溶けたはんだを接合部に流し込むだけです。しかし、見かけの原理が単純であっても、それをミクロ的に観察すればかなり複雑であることがわかります。最近の電子機器の故障の多くがプリント配線板および電子部品の接合部、つまり、はんだ付継手部に起因しているとされています。そして、その原因の多くがはんだ付のミクロの原理を疎かにした結果です。信頼性の高いはんだ付を行うためには、単純な原理に付随しているミクロな原理を真に理解することが肝要です。

　はんだ付は誰でも行うことのできる接合技術であり、道具や装置も比較的簡単なものが使われます。しかし、簡単であるからといって乱暴で雑な取り扱いをすると、思いがけない故障の原因をつくる羽目になります。はんだ付が簡単な技術であっても、いや、簡単な技術であるからこそ、その実行に際しては細心の注意を払うことが大切です。

＊はんだ付は金属学の原理に基づいた接合技術であり、これに代わる技術としては物理的・化学的な原理に基づく方法にならざるを得ません。

はんだと導電性接着剤の特性比較

項　目	はんだ Sn-Pb系	はんだ Sn-Ag系	導電性接着剤
接合特性			
接合温度	○	○	◎
接合時間	○	○	×
セルフアラインメント	◎	○	×
接合部の性質			
機械的強さ	○	◎	△
導電性	○	○	×
熱伝導度	○	○	×
耐熱性	○	○	×
リペア性	◎	◎	×
その他			
信頼性	○	◎	◎
耐環境負荷（毒性）	×	○	◎
価　格	◎	△	×
現用部品との整合性	◎	○	△

有効性の相対評価
　　　◎ きわめて良い　　○ 良い　　△ 普通　　× 悪い

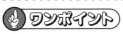

はんだ付は素晴らしき接合技術かな

Column

はんだにとって室温は高温環境

　金属や合金の物性は温度に大きく影響されますが、その度合は絶対温度で示される融点（T_m）によって比較されます。たとえば100℃という温度は、鋼やステンレス鋼にとってそれほど影響の大きい温度ではありませんが、融点が低いはんだにとっては重大な影響を受ける致命的な温度です。

　そのため、物性に及ぼす温度の影響は絶対温度で示される融点（T_m）で比較され、その1/2、つまり、$0.5T_m$が目安にされます。$0.5T_m$はタンマン温度と呼ばれ、金属の原子の動きが盛んになり始める温度です。

　ここで、Sn-Ag共晶はんだが室温（25℃、298K）に置かれた場合を考えると、その融点（221℃、494K）に対して絶対温度での比298/494＝0.60の状態にあります。同様のことを鋼について考えると、その融点（1,500℃、1,773K）から、室温に置かれたSn-Ag共晶はんだと同じ状態の温度は1,773×0.60＝1,064K（791℃）となります。791℃という温度は鋼が真赤になる温度であり、鋼にとっては厳しい温度です。つまり、Sn-Ag共晶はんだが室温に置かれている状態は、鋼にとっては真赤な状態に加熱されているのと同じ状態であることを意味し、きわめて過酷な環境に置かれていることがわかります。

　さらに、電子機器の実際の稼働においては機器内の温度が40～50℃にもなり、自動車の電装機器では100℃近くにもなることがあります。50℃、100℃の温度条件はそれぞれSn-Ag共晶はんだの$0.65T_m$、$0.76T_m$となり、同じ条件を鋼について考えると、それぞれ1,773×0.65＝1,152K（879℃）、1,773×0.76＝1,347K（1,074℃）に相当します。この温度は鋼が通常の使用目的にはとても耐えられない環境であり、はんだが電子機器の実稼働において、いかに過酷で厳しい条件にさらされているかがわかります。

＊はんだはあらゆる分野で利用され、思いもよらない場所で奮闘しています。はんだにとって熱い、冷たいという言葉は無意味なことです。

第7章

はんだ付の欠陥・検査・信頼性

検査は信頼性を確保する最善の方途

7.1 はんだ付を疎かにする者は、はんだ付に泣く

　かつてのわが国では、家庭の唯一の"電子機器"は真空管方式の箱型ラジオでした。この種のラジオはしばしば故障に見舞われるのが常であり、その都度、電気店に持ち込まなければなりませんでした。当時のラジオはコンデンサや抵抗部品がタグ配線で構成されており、故障のほとんどの原因がはんだ付箇所にあったように思われます。

　時代が進み、電子機器が電化製品のみならず自動車や航空機、あるいは産業機械や医療機器などの多くの分野で制御装置として使用されるようになると、その故障ないしは信頼性が大きくクローズアップされるようになりました。電子機器の故障の大半がはんだ付に関わっているという現実があり、その故障がラジオの場合のように再び修理すれば事足りるとされていた過去の時代と、現代とでは、はんだ付の信頼性に関する認識に大きな隔たりがあります。つまり、現代では、電子機器のはんだ付箇所の不良や故障が重大かつ致命的な影響を及ぼすからです。

　一例として、初期の宇宙ロケットの打ち上げ失敗や自動車の暴走事故の原因が、制御装置としての電子機器のはんだ付接続不良にあったことが明らかになっています。何千、何万カ所もあるはんだ付箇所のただ1カ所でも不良があれば、電子機器としての機能が果たされず、ロケットはロケットとして飛行せず、自動車は自動車として走行することできなくなります。そればかりか、時として人命さえもが奪われる重大な事故が引き起こされる結果にさえなります。NASA（アメリカ航空宇宙局）では、はんだ付の専門技術を修得させる特別な学校（ソルダリングスクール）を設立し、人工衛星のはんだ付はこの学校を卒業した者でなければ行うことができないことになっています。

　はんだ付に従事する技術者は、ただの1カ所のはんだ付をも、決して蔑ろにしてはならないことを肝に銘じなければなりません。

＊たった1カ所のはんだ付欠陥が取り返しのつかない重大事故をもたらします。

電気・電子機器に適用されるはんだ付の位置づけ

```
             ┌─ 一般電気製品      ─── 故 障 ───→ 修 理 ──→ 再利用
             │  (ラジオ、オーディオ)  (はんだ付に起因)
はんだ付     │   一般家電製品
適用機器 ────┤
             │  電子制御機器      ─── 故 障 ───→ 重大事故 ──→ 甚大被害
             └─ (人工衛星、自動車)  (はんだ付に起因)
                 航空機
```

はんだ不良を防ぐ企業の取り組みを伝える報道記事

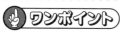

ワンポイント

瑣事を笑う者は瑣事につまずく

7.2 はんだの原材料をAuやAgと同等に扱わなければならない

　はんだ付における信頼性の確立は、はんだ付に関わる設計、材料、工程、管理など、多方面からのアプローチによって達成されるものと考えられます。

　ここで、疎かにされがちなのが原材料です。はんだの原材料は、特殊な場合を除いて主にSnであり、安価な金属です。安いものは値打ちがない、とする考えは誤りです。SnにはSnの特性があり、その特性は他のいかなる金属をもってしても替え得るものではありません。

　このことは、すべてのモノについて言えることです。ややもすると、AuやAgは高価であるために、その取り扱いが丁寧かつ慎重になり、その一方でSnなどに対しては雑な扱い方をしがちになります。これは誤った態度であり、この考え方が粗悪なはんだの製造につながり、そのようなはんだによる不良や欠陥の発生がもたらされるようになります。

　このようなことから、はんだの製造にあたっては、原材料であるSnの取り扱い方、保管の環境をAuやAgに対する扱い方と同等にしなければならないことになります。また、製造されたSn基はんだを取り扱う場合もAu基はんだやIn基はんだと同等の取り扱い方がなされなければなりません。

　ここで、著名な料理人の言葉が思い出されます。料理する場合に大切なことは、すべての食材に対して同じ想い（取り扱い方）を抱くことである、とのことです。つまり、料理の材料が鯛であっても鰯であっても、セロリーであってもほうれん草であっても、あるいは松茸であっても椎茸であっても、すべてに対して同じ想いを持って接しなければ美味しい料理はできないとのことです。

　この言葉は、信頼性の高いはんだ付を行う場合の心構えと妙に符合しており、興味深く思えてなりません。

＊1つの素材には他のモノでは置き換えることのできない優れた性質があり、それぞれの素材を有効に活用することがモノづくりの基本です。

第7章 はんだ付の欠陥・検査・信頼性

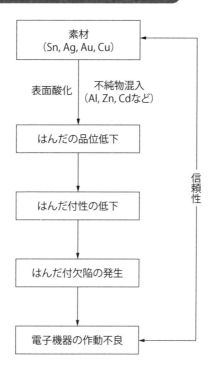

はんだの不純物と信頼性の関係

"自然界に貴賎の別なし"は至言である

7.3 はんだ付欠陥はなぜ発生するのか

　はんだ付における最も重大な問題は、はんだ付欠陥の発生です。はんだ付工程において発生する欠陥は、それがはんだ付された機器の信頼性に重大な影響を及ぼすものから、見掛けだけで使用上は問題がないものまでさまざまなものがあります。また、はんだ付対象の機器が民生機器か、あるいはコンピュータや通信機器のような、より高い信頼性が求められる機器であるか否かによって、それぞれ異なる評価がなされます。

　浸漬はんだ付の工程で発生する一般的な欠陥には次のものがあります。
①不ぬれ
　　はんだがまったくぬれず、母材表面が露出
②ディウエッティング（はんだはじき）
　　溶けたはんだが母材表面にいったんはぬれるが、その後、はんだが凝集して散在するぬれ不良
③ブリッジ
　　導体がはんだで短絡される欠陥
④つらら
　　はんだの先端部が"つらら"のように突起している欠陥
⑤はんだ付継手内の気孔
　　はんだフィレット内部に形成される微小空洞

　さらに、はんだ付継手内部に潜在している欠陥として、過剰に生成した合金層、カーケンダルボイド、はんだ溶食、溶け分かれ、リフトオフなどがあります。はんだ付欠陥は、発生すべくして発生すると言えます。はんだ付の欠陥発生についての防止対策を講ずれば講ずるほど、欠陥は少なくなります。つまり、欠陥が発生するという事実は、欠陥発生に対する対策を疎かにしていることにほかなりません。

＊はんだ付欠陥の発生は起こるべくして起こるものです。

第7章 はんだ付の欠陥・検査・信頼性

はんだ付の欠陥の例

平面

断面

正常　　　　はじき　　　　不ぬれ　　　ぬれ不良

はんだ付欠陥としてのボイド、ピンホールおよびブローホール

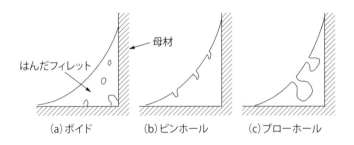

(a) ボイド　　(b) ピンホール　　(c) ブローホール

🖐 ワンポイント

為せば成る 為さねば成らぬ何ごとも
成らぬは人の 為さぬなりけり（上杉鷹山）

7.4 はんだ付における"はじき"

　はんだの"はじき"とは、母材表面にぬれて広がった溶融はんだが収縮して、部分的に小球になる現象です。はんだが最初に広がった部分は、薄いはんだ被膜で覆われた状態になっているので、はんだがまったくぬれない"不ぬれ"とは異なり区別されます。はじきが発生するとフィレット部が小さくなり、結果として、はんだ付継手の機械的強さが減少します。はじきがが発生する原因として、次のことがあげられます。

　①母材表面に局在する汚れ
　②母材表面に局在する酸化被膜
　③フラックスの不適合

　はじきが発生するメカニズムとして、最初に広がったはんだが①～③の原因によって溶融はんだの表面張力が局部的に不平衡になり、それによる局部的な接触角の変化がはんだをエネルギー的に、より安定な形状（球形）に導くことが考えられます。

　はじきにはぬれ不良が大きく関わっており、母材表面に局部的に存在する汚れは、はんだに覆われてしまうために外見上はよくぬれているように見えます。

　しかし、これをミクロ的に観察すると、汚れの箇所には、はんだがぬれていないことがわかります。このような現象がはんだの広がりの先端周辺で起こると、はじきとなって顕在化します。

　はんだ付内部に存在するぬれ欠陥は外見上の目視検査では発見できませんが、はんだ付の前処理（洗浄、めっき処理など）の段階で、その母材にはじきが発生するか否かを判定することは可能です。つまり、はじきはぬれの時間的変化を伴う現象であるから、ぬれの過程を表面張力法（メニスコグラフなど）によって前もって調べることで、母材に対する洗浄やめっき処理などが適切であるかどうかがわかります。

＊はじきは、外見的にはぬれているように見えますが、ぬれ不良のはんだ付欠陥です。

第7章 はんだ付の欠陥・検査・信頼性

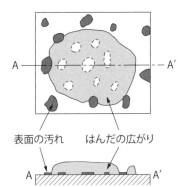

はじき（概念図）

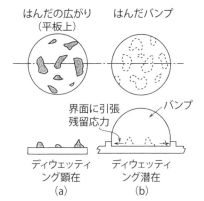

汚れのある母材板上でのはんだの広がり

リード端子に発生した"はじき"

"はじき"の発生原因はわかっている

7.5 Auめっき部材のはんだ付には注意が必要

　Auは酸化されず、しかも電気的接触抵抗が小さいために、電子工業では各種コネクタ、ICやLSIなどの接続端子に対するめっきとして多く使用されます。しかし、これらの部材をはんだ付する場合に問題が生じます。それはAuがSn基はんだに容易に溶食されやすく、もろい金属間化合物を形成することです。

　Auは、はんだのぬれ性に優れているが、溶融はんだに溶解しやすく、Snとの間に$AuSn_4$、$AuSn_2$、$AuSn$などの金属間化合物を形成します。

　これらの化合物は大変にもろく、これらを含むはんだは機械的強さが小さくなります。さらに、これらの化合物は母材とはんだとの境界に形成されるために、はんだ付継手部が振動や曲げが弱くなり、界面で剥離するようになります。

　このように、AuはSn基はんだに対して悪い影響を与えますが、Auめっきの厚さが薄い場合はもろい化合物の生成割合が小さくなり、機械的強さに大きな影響を及ぼさなくなります。Auめっきは経済的な立場から、単一めっきとして用いられることは少なく、一般には下地めっきの上に約$0.02 \sim 0.05\mu m$程度の厚さにめっきされます。この程度の厚さでは、はんだ付による機械的な強さへの影響はないとされています。

　しかし、もろい化合物が形成される危険が根本的に回避されない以上、Auめっき部材にはSn基はんだを使用すべきでないとする考え方が一般的です。とくに、はんだ付の信頼性が強く求められている宇宙航空機関係の電子機器に対しては、この思想が徹底されており、Auめっきされた部品をはんだ付する場合には、はんだ付される部分のAuめっきをわざわざ削りとってからはんだ付する方法が採用されています。

＊NASAでのはんだ付指針では、Auめっき部材をはんだ付する場合にはAuめっきを除去することになっています。

溶融 Sn および Sn-60%Pb はんだへの Au の溶解

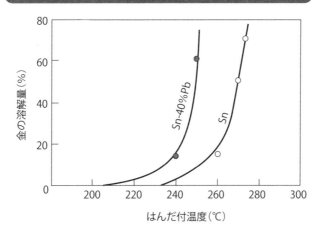

スルーホールはんだ付界面の剥離

Au のはんだ付性に優れる特性は欠点でもある

7.6 ウィスカの発生が問題になる

　ウィスカとは、長時間放置された金属結晶の表面から成長する太さ数 μm のひげ状結晶であり、多くは単結晶から成り、強さは通常の金属の数百倍にもなります。電子工業では Sn めっきから発生する Sn（スズ）ウィスカが問題になっており、Sn めっきが施された電子部品から Sn ウィスカが発生し、成長したウィスカが回路の短絡事故を引き起こします。

　また、Sn ウィスカは電気めっき皮膜に特有であり、酸性めっき浴によるものに発生しやすく、アルカリ浴によるものには発生しにくい。さらに、無光沢浴よりも光沢浴によるものに発生しやすく、とくにアミンアルデヒド系の光沢剤を用いた酸性浴に発生しやすい。

　Sn ウィスカの発生原因や防止対策について、次のことが経験的に明らかになっています。

①Sn 合金めっきからは発生しない（Sn-Pb 合金では Pb が 5〜20％になると発生しなくなる）
②めっき後に加熱処理（100〜125℃）したものには発生しない。
③Sn ウィスカが発生するまでの潜伏期間があり、短い場合は数日、長い場合は数年に及ぶ
④高温、多湿の環境で成長が速い
⑤発生傾向は母材や下地めっきの種類に影響され、その発生傾向の大きさは、黄銅＞銅＞ニッケル＞鉄　の順である。したがって、黄銅や Cu 母材に対しては Ni や Fe を下地めっきすることが発生防止になる

　Sn ウィスカが発生すると、プリント配線板などではオーバーブリッジとなって電気回路を短絡するため、誤配線の原因になります。このことが注目されるようになったのは、かつてリレー式電話交換機のコネクタに発生したウィスカによる短絡事故が端緒でした。

＊ウィスカは思いもよらない意外なところで発生します。

ウィスカ発生に及ぼすめっき金属およびめっき処理法の影響

母材	めっき金属	めっき処理条件	ウィスカの発生
黄銅	Sn	電気めっき	発生（大）
黄銅	Sn	溶融処理	発生しない
Cu	Sn	電気めっき	発生（中）
Cu	Sn	溶融処理	発生しない
Ni	Sn	電気めっき	発生（小）
Ni	Sn	溶融処理	発生しない
Cu	Sn-Pb 晶	溶融処理	発生しない
Ni	Sn-P 共晶	溶融処理	発生しない
Fe	Sn	電気めっき	発生（小）

Sn めっきから発生したウィスカ

ワンポイント

金属の"ひげ"は強い

7.7 はんだ付部に発生するマイグレーション

　電気化学的腐食の特殊なものとして、マイグレーションがある。この現象は電圧が印加されている配線板上で発生する原子の移動であり、イオンマイグレーションとエレクトロマイグレーションがある。

　イオンマイグレーションは樹脂基板上の配線または電極間に電圧が印加されており、しかも、その間に水分やハロゲンイオンが存在する場合に、電子部品の陽極金属がイオンとなって溶出し、これが陰極で金属となって析出する電気分解・析出反応のことです。これが連続して起こると析出した金属が配線板上で成長し、ついには、配線または電極が短絡するようになり、誤配線の原因になります。Agめっき部品におけるAgのマイグレーションが代表的ですが、AlやAu電極部品でも同様の現象が認められます。イオンマイグレーションの発生は電極間に存在する特定のイオンに影響され、Cl^-、Br^-、I^-、F^-などのハロゲンイオンの存在がそれを助長します。

　Agマイグレーションの発生機構は、Ag電極間に直流電圧が印加されると、Agは陽極において電離しAg^+となって陰極方向に移動します。Ag^+が陰極で放電し、Agとなり、陽極に向かって樹枝状に成長し、ついには陰極と陽極が短絡されます。

　エレクトロマイグレーションは配線回路の電流密度が大きい場合に、配線にボイド（空孔）が形成され、それが成長して断線する現象です。LSIのAl配線パターンに多く発生する現象ですが、はんだ付継手部にも見られるようになりました。つまり、微細化されたはんだ付継手では電流密度が大きくなることから、エレクトロマイグレーションの発生が懸念されるようになりました。とくに、はんだ付欠陥としてのボイドが形成されている継手部では、断面積が減少するために電流密度の増大がもたらされ、断線の原因にもなります。

＊マイグレーションの本質は電気化学反応であり、微小領域での電解反応による溶解・析出現象から説明されます。

第7章 はんだ付の欠陥・検査・信頼性

はんだ付継手部に発生するマイグレーション

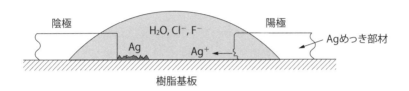

Agマイグレーションの例

はんだ付における特異な欠陥の発生

7.8 はんだ付の検査は必須事項

　はんだ付の最終工程として検査が行われます。検査は、はんだ付部に欠陥が存在するからこそ必要になるのであって、欠陥の発生しないはんだ付技術が確立されれば、検査は不要になります。しかし、検査が不要なはんだ付技術、つまり無欠陥はんだ付技術は残念ながら現在のところいまだに確立されていません。

　したがって、厳格な検査によって欠陥をことごとく発見し、その発生原因を突き止めて確実な防止対策を講ずることが、欠陥の発生を未然に防止することに結びつきます。はんだ付欠陥の発生を完全に回避できないという現実がある限り、厳格なはんだ付の検査を実施し、欠陥をことごとく発見することがはんだ付の信頼性を確立する最善の方策です。

　はんだ付の検査として行われる事項は次のようになります。

①はんだ付が適正に行われているかどうかを、すべてのはんだ付継手部について調べる

②はんだ付継手部の破壊検査によって、はんだ付工程が適正であるかどうかを調べる

③はんだ付継手部の使用環境に対する適合性を調べる

　これらの項目を確実に、かつ厳格に実施されて初めて信頼性の高いはんだ付継手が確保できると考えられます。

　電子機器のはんだ付部の検査は、目視検査が最も確実で信頼性の高い方法であることから、熟練した検査員による目視検査に依存しています。

　しかし、はんだ付継手部の目視検査による外観検査だけでなく、X線法による非破壊検査、あるいは引張試験や顕微鏡組織観察などによる破壊検査を定期的な抜き取り検査方式で行うことが必要です。

　なお、はんだ付を行う前の検査、つまりはんだ付対象母材の"はんだ付性"を調べることが重要なはんだ付の検査になっています。

はんだ付欠陥の種類と検査方法

欠陥の種類	欠陥の例	検査・試験方法
外観欠陥	つらら、ブリッジ、はんだ過剰・不足、位置ずれ、フィレットはんだの過不足、不ぬれ、はんだボール、ウィッキング、ピンホール、ディウェッティング、ツームストン現象	目視検査
内部欠陥	合金層の過大成長、ボイド、ブローホール、はんだ／母材界面腐食、はんだ溶食、リフトオフ現象	破壊検査　断面顕微鏡観察、ピーリング試験
		非破壊検査　X線検査、超音波試験
機能的欠陥	導通不良、やに付け、はんだボール、部品の位置ずれ、	導通試験、強度試験（引張り、耐圧）、リーク試験

はんだ付性試験法の分類

測定方法	測定量	試験方法
広がり法	広がり率 $\dfrac{D-H}{D} \times 100(\%)$	
	広がり面積	
浸漬法	ぬれ面積 目視評価	
接触角法	接触角 (θ)	
グルビュール法	ぬれ時間	
表面張力法（メニスコグラフ法）	ぬれ張力 $(\gamma_l \cos\theta)$	

ワンポイント

定期的な健康診断は健康な身体を保障する

7.9 はんだ付性試験として重宝される界面張力法

　表面張力法は、はんだ付性を母材とはんだとの間に作用する界面張力から測定するものであり、メニスコグラフ法またはウェッティングバランス法と呼ばれるものが代表的な方法になっています。

　メニスコグラフ法における測定の原理は溶融はんだに金属試験片を垂直に浸漬した場合に、試験片の鉛直方向に作用する付着張力を定量的に測定し、接触角の時間的変化を間接的に求めることで、はんだのぬれ過程を定量的に表示することです。

　メニスコグラフ法の装置は、試験片を溶融はんだに浸漬する機構、試験片に作用するぬれの力を検出する機構および記録計から成っています。

　試験片の浸漬機構は、はんだ槽を固定して試験片と応力検出器を一体として上下させるものと、試験片を固定してはんだ槽を上下させるものとがあります。

　ぬれの力の検出機構は、メニスコグラフ法における最もで重要であり、微小な力の変化を精度良く検出できるか否かが装置の精度を決めます。ぬれの力の検出法にはばねを応用したものと、電子天秤を応用したものとがあります。前者は、ばねに作用する応力と変位が微小変形範囲内では比例関係にあることを応用したもので、ばねのヤング率と、微小変位計で読みとった変位とから応力を求めます。後者は天秤の一端に試験片を吊るし、それに加わる力によって生じる微小変位を検波増幅し、他端の駆動コイルに力として負帰還する機構を有しています。試験片に作用するぬれの力とコイル電流とが比例するので、コイル電流の時間的変化を記録することによって、ぬれの過程がわかります。

　表面張力法は、はんだ付における最も基本的な因子である表面張力を測定のパラメータとし、ぬれ過程の時間的変化を記録できる究極のはんだ付性試験法に位置づけられます。

＊界面張力法の原理は古くはL.G.Earleによるコラグラフ法（Kollagraph）があり、現在のメニスコグラフ法（Meniscograph）はJ.A.Duisによって考案されたものです。

メニスコグラフ法の原理

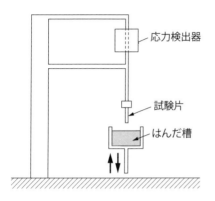

試験片に作用するぬれの力

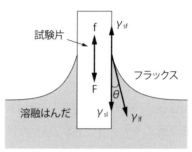

F：試験に作用するぬれの力
f：試験に作用する浮力
θ：接触角

ぬれの力の時間的変化と接触角の関係

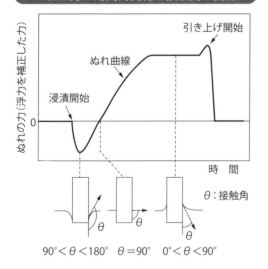

界面張力法によるはんだ付性試験装置

提供：㈱レスカ

はんだのぬれ過程が見える試験法

7.10 BGA実装の検査ではプルテストが重要

　機械的破壊検査は、はんだ継手を機械的に破壊し、その強さや破断面観察から欠陥を発見するものであり代表的な破壊検査になっています。引張強さ、せん断強さ、クリープ強さ、振動強さなどによって検査し、得られた測定結果が基準値よりも小さければ、はんだ付継手部に欠陥があることになります。また、破断面を観察することによって、ボイドやぬれ不良を発見につなげることも可能です。

　機械的破壊検査は、すべての製品について実施することは実際上不可能であるため、抜き取り検査として適宜実施し、品質管理のための基礎資料を得る手段として行われます。

　現在の実装法の主流であるBGA法においては、外部端子の役を担っている $0.2 \sim 0.6$ mm のボールはんだと、基板上のCuパッドとの接合が実装の信頼性を左右するキーポイントになっています。

　BGA端子部はCuパッドとボールとから成る構成になっていますが、一連の実装工程によるCuパッドの酸化を防止するためにめっき処理が施されます。Cuパッドへの一般的なめっき処理はNiまたはNi-P（無電解）と、厚さ $0.02 \sim 0.05 \mu$m のAuめっきです。このめっきにボールはんだをぬらすことで外部端子が形成されますが、その接合界面が異常を来たす場合があり、Ni-PめっきへのAuの置換めっき処理過程で腐食されたり変質したりことが原因になっています。

　BGA法における継手部は、ボールはんだが介在するという特異な状態になるので、その継手部強さも特別な方法によって評価されます。その測定のための専用試験機も開発されています。

　BGA端子部の強度は次の方法から評価されます。

　①シェアモード（せん断強さ）法
　②プルモード（引張引き剥がし強さ）法

BGA端子の強度試験法

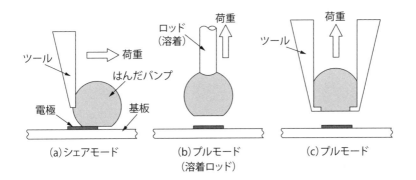

(a) シェアモード (b) プルモード(溶着ロッド) (c) プルモード

BGA端子の強度試験機(プルテスター)

提供:㈱レスカ

ワンポイント
はんだ付継手部にはさまざまな強さが求められる

7.11 はんだ付における PPM管理とFIT管理

　電子工業における実装が微細になり、高密度になったことから、はんだ付に関する品質管理がPPM管理やFIT管理の観点から検討されるようになりました。

　ppm（parts per million）は、一般に化学における溶液や気体の濃度を表示する指標であり、1ppmは100万分の1の濃度を意味します。ppmは微小濃度を表示する尺度ですが、この尺度が電子機器の品質管理、とりわけ、はんだ付の不良対策に導入されるようになっています。

　1ppmのはんだ付不良は、はんだ付箇所100万に対して1個のはんだ付不良があることを意味します。

　個々のはんだ付不良の発生率がppmのオーダであっても、はんだ付箇所がプリント配線板のように数多くある場合には、その相乗効果によって、不良発生率が高くなります。電子回路のはんだ付不良箇所が、たとえ1カ所であっても電子回路は正常に機能せず、電子機器そのものの不良に結びつきます。

　FITとは機器の稼働中に発生する故障率で、1×10^9個時間に1個の故障が生じる故障率を1FITとするものです。つまり、稼働時間1,000時間について、故障率が0.0001%を1FITといいます。通信機やコンピュータなどのはんだ付継手の信頼性に対してはFIT管理法が導入されています。ppm管理法がはんだ付不良そのものの発生率を問題にしているのに対して、FIT管理法は、はんだ付された機器の実稼働における信頼性を強調する管理法です。

　そのために、はんだ付の不良や欠陥がはんだ付直後の検査によって発見されなくとも、実稼働によって初めて現れる欠陥（潜在的欠陥）を初期の段階で発見し、故障を未然に防止しなければならないことになり、厳しい検査と品質管理が要求されます。

＊はんだ付部が微小になり高密度になれば、その検査もミクロな立場から実施されなければならなくなります。

PPM 管理

表面実装基板のはんだ付において、1枚の基板に200個のチップをはんだ付する場合を想定すると、チップのはんだ付不良発生が10ppmとすれば、基板1枚当たりの不良発生率は、

$$\frac{10}{1,000,000} \times 200 = \frac{1}{500}$$

となります。さらに、この基板が2枚内蔵されている電子機器では、その機器の不良発生率は、

$$\frac{10}{1,000,000} \times 200 \times 2 = \frac{1}{250}$$

となり、250台の機器に対して1台の割合で不良が発生することになります

FIT 管理

FIT(failure unit)とは機器の稼働中に発生する故障率で、1×10^9個時間に1個の故障が生じる故障率を1FITとします。すなわち、

$$FIT数 = \frac{故障数 \times 10^9}{部品点数 \times 稼働時間}$$

で表されます。つまり、稼働時間1,000時間について、故障率が0.0001%を1FITといいます。通信機やコンピュータなどのはんだ付継手の信頼性に対してはFIT管理法が導入されており、PPM管理法がはんだ付不良そのものの発生率を問題にしているのに対して、FIT管理法は、はんだ付された機器の実稼働における信頼性を強調する管理法になっています

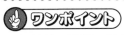 ワンポイント

はんだ付の管理では気配り、目配りが肝要

Column

はんだ付は老テクのローテクにあらず、鑞テクにしてハイテクなり

　はんだ付がソルダリングと呼ばれるようになっても、その原理に本質的な変わりはありません。しかし、現在では両者の意義と技術には大きな変革がなされており、はんだ付の長い歴史のなかで今日ほど目覚しく発展している時代はありません。はんだ付は電子工業、自動車産業、宇宙・航空産業における重要な接合技術として位置づけられており、現代のエレクトロニクス社会を構築するための必要不可欠な役割を担っています。そして、私たちの日常生活にも深く関わっている技術でもあります。

　では、はんだ付は私たちの日常生活とどのような関わりを持っているのでしょうか。はんだ付と私たちの日常生活との関わりを具体的な例として、平均的なサラリーマンであるＨ氏の一日の行動を早送りで見てみることにします。

　朝６時、枕もとの目覚まし時計が優雅なメロディーを奏でました。この目覚まし時計は母が就職祝いに贈ってくれた高級電子時計であり、内部のプリント基板はすべてはんだ付によって組み立てられています。Ｈ氏はテレビのスイッチを入れました。テレビは薄型の液晶テレビであり、内部の表面実装プリント配線板の電子部品はいずれもはんだ付によって接合されています。サラリーマンとしての身だしなみを整えるにあたって、Ｈ氏は婚約者のＭ嬢からプレゼントされたネクタイピンの着用を忘れません。そのネクタイピンは金ろう（金はんだ）によって仕上げられている高級品です。

　そして、いざ出勤です。駅まで徒歩の間に時間を気にしながら何度も腕時計を見ますが、その腕時計は電子時計であり、もちろんはんだ付が適用されています。駅からは電車通勤となります。エレクトロニクスの権化とも言える自動改札機にＩＣカードをかざして通り抜け、電車に乗り込みます。エレクトロニクスの権化はまた、はんだ付の権化でもあります。現代の電車の運行はエレクトロニクス化が進んでおり、そのための電子制御機器はすべてはんだ付によって組み立てられています。

会社に着いてH氏の仕事が始まります。まわりには多くのOA機器があります。パソコン、プリンタ、コピー機、電話、ファックスなど、H氏の仕事に不可欠な電子機器であり、それらを構成している電子部品はすべてはんだ付によって組み立てられているものばかりです。現代のOA機器は、はんだ付の缶詰と言っても過言ではありません。

　目が回るような忙しい一日の仕事を終えて、H氏はスマートフォンで婚約者のMさんを夕食に誘いました。小型パソコンの異名をとっているスマートフォンは高密度実装機器の最たるものであり、まさにマイクロソルダリングの"かたまり"です。レストランに着いた2人は高級オーディオ装置から流れるBGMを背にしながら将来を語り合いましたが、そのステレオの配線回路のはんだ付には音質を高めるために特殊なはんだが使用されています。テーブルの向かい側に座るMさんの胸もとに光るネックレスは金ろう（Auはんだ）仕上げの高級品であり、もちろんH氏からの贈り物です。

　Mさんを家まで送るためにタクシーを拾いましたが、自動車は多くの部品から組み立てられており、溶接、ろう付（はんだ付）が多く使われています。エンジンのエレクトロニクス制御をはじめ、ラジエータのはんだ付（ろう付）、ガソリンタンクのはんだ付（ターンシート）、電装部品のはんだ付、などなどです。

　わが家に帰ったH氏は一日の締めくくりとして冷蔵庫から冷えたビールを取り出しました。ビールをほどよく冷やしてくれる冷蔵庫は電子制御であり、もちろんはんだ付によって組み立てられた電子機器がその役を担っています。ほどよく冷えたビールが喉もとを過ぎてH氏の疲れが癒され、ようやくホッとする一時が訪れました。

　"はんだ付"がH氏から片ときも離れることのなかった一日でした。

参考文献

(1) ろう接便覧編集委員会編：ろう接便覧、産報、(1967)
(2) 大澤直：はんだ付技術の新時代、工業調査会、(1985)
(3) 竹本正、佐藤了平：高信頼度マイクロソルダリング技術、工業調査会、(1991)
(4) ソルダリング用語事典編集委員会編：ソルダリング用語事典、工業調査会、(1992)
(5) 大澤直：はんだ付の基礎と応用、工業調査会、(2000)
(6) 大澤直：はんだ付のおはなし、日本規格協会、(2001)
(7) 大澤直：はんだ付技術なぜなぜ100問、丸善出版、(2011)
(8) 大澤直：はんだ付工学、丸善出版、(2012)
(9) 進藤俊爾：鑞付と溶接の話、論創社、(1983)
(10) 手塚敬三：溶接のおはなし、日本規格協会、(1981)
(11) 寺島良安：和漢三才図会、東京美術、(1970)
(12) 荻野圭三：表面の世界、裳華房、(1998)
(13) 伊藤伍郎：腐食科学と防食技術、コロナ社、(1969)
(14) 阿部秀夫：金属組織学序論、コロナ社、(1967)
(15) 小野周：表面張力、共立出版、(1985)
(16) 日本材料学会：材料強度学、(1997)
(17) R.W.Gurry：Physical Chemistry of Metals, McGraw-Hill, (1953)
(18) Soldering Manual：American Welding Society, (1975)
(19) R.J.KleinWassink：Soldering in Electronics, Electrochemical Pubilications Ltd., (1984)
(20) H.H.Manko：Solders and Soldering, McGraw-Hill, (1979)

索引

【英数字】

Ag食われ　32
Alのはんだ付　130
Au食われ　32
Au基はんだ　68, 162
BGA実装　152
BGA法　12, 146, 178
C4法　142
CCB法　142
FIT管理　180
Hg蒸気　134
In基はんだ　162
Ni-P（無電解）　152, 178
Pbイオン　74, 104
Pbフリーはんだ　74, 80, 82, 104
ppm（parts per million）　180
PPM管理　180
Sn-Ag系合金　76
Snウィスカ　170
Sn基はんだ　162
VPS法　10
YAGレーザ　118
$ZnCl_2$-NH_4Cl系　96

【ア】

圧接　14
後付け　124
アトマイジング法　72
アビエチン酸　92, 94
アビエナイトCu　92
アレニウス　42
位置合わせ　144
ウィスカ　170
ウェッティングバランス法　176
液相線　56
液相線温度　30, 50, 56
エレクトロマイグレーション　172
オーバーブリッジ　170

【カ】

カーケンダルボイド　36, 164
回転円盤噴霧法　72
化学結合　128
化学的腐食　40
拡散　22
拡散機構　36
拡散係数　36
下限温度　50, 58

片面配線板	16
活性化エネルギー	42
活性化ロジン	94
活性化ロジンフラックス	94
活性剤	94
固溶体	14, 58
固溶体型拡散層	34
硬ろう	18
硬ろう接	54
ガルバニー腐食	40
間隙浸透性	28
間隙への浸透	24
機械的双晶	64
機械的破壊検査	178
機械的疲労	66
気化潜熱	116
鍛接法	14
逆偏析	150
キャビテーション効果	120
球状粉	72
急冷凝固法	52, 70
凝固	56
凝固温度範囲	30, 58
凝固(溶融)温度範囲	56
凝集エネルギー	22
凝集力	22
共晶	58
共晶合金	30, 58
共晶組成	54
金属間化合物	14, 58, 168
金属析出型フラックス	132
クリープ	80
クリープ特性	76
クリープ変形	46
食われ	32

結合力	22
ゲル	44
検査	174
公害	134
合金化反応	34
合金層	34, 164
合金層形成	50
高密度実装	12
高密度実装基板	112
こすり作用	112
固相線	56
固相線温度	30, 50, 56
こてはんだ付	108
こて法	16
コロフォニウム	92
コントロールドコラプスチップコネクション法	142

【サ】

酸化膜	86, 130
三元共晶	76
三元系状態図	60
酸性雨	104
ジェット噴流はんだ付法	112
塩浴反応はんだ付法	102
自己フラックス効果	100
下地保護剤	152
弱活性化ロジン	94
錫声	64
樹枝状晶	150
蒸気凝縮はんだ付法(VPS法)	116
上限温度	50, 58
自溶効果	100
自溶性はんだ	100
状態図	56

浸漬はんだ付	110, 112, 164
浸漬法	10, 16
浸漬方法	110
スズ泣き	64
スズ鳴り	64
スズペスト	62
ステップはんだ付	68, 126
迂	64
スポット式加熱法	114
生成自由エネルギー	86, 100
ゼーベック	38
赤外線をはんだ付	114
接合技術	10, 14
接触角	26
接触腐食	40
セルフアラインメント効果	140, 144, 146
潜在的欠陥	180
潜熱	116
双晶	64
挿入実装	16
ゾル	44
ソルダペースト	44, 72, 142
ソルダレジストの塗布	106

【タ】

多層配線	16
炭酸ガスレーザ	118
チキソ剤	44
チクソトロピー	44
チップ	138
超音波	120
超音波はんだ付法	120
ツームストン現象	30, 148
継手間隙	30
つらら	164

ディウェッティング	152, 164
電気化学的腐食	40
電気分解・析出反応	172
電極電位	82, 130
電極電位差	40, 102
電気炉方式加熱法	114
同素体	62
同素変態	62, 84
溶け分かれ	30, 150, 164

【ナ】

鉛フリーはんだ	78
軟ろう	18
軟ろう接	54
ぬれ	26
ぬれ現象	22
ぬれ性	168
ぬれ不良	70, 178
ぬれる	20
熱起電力	38, 50
熱疲労	66
熱疲労強さ	76, 78
熱膨張差	66
粘度	136

【ハ】

博物館病	84
はじき	166
ハロゲン	98
ハロゲンイオン	172
ハロゲン化物	90
ハロゲンフリーフラックス	98
はんだ	54, 74
はんだ付	10, 14, 16, 18, 20, 22, 24, 156, 162

はんだ付欠陥	70, 112	腐食性フラックス	88, 96
はんだ付工程	164	フッ化物	90
はんだ付材料	20	不定形粉	72
はんだ付性	26	不働態	132
はんだ付の管理	20	不働態皮膜	132
はんだ付の現象	20	不ぬれ	112, 146
はんだ付の信頼性	160	プラズマリフロー法	10, 122
はんだ付の前処理	166	フラックス	28, 48, 86, 90, 94
はんだ付不良	146	フラックス残渣	88, 94, 98, 132
はんだ付方法	20	フラックスレスソルダリング	122
はんだ付ロボット	124	フラットパッケージ	140
はんだつらら	112	ブリッジ	112, 146
はんだバンプ	142	プリント配線	156
はんだフィレット	150	プリント配線板	16, 110, 140
はんだペースト	80	ブローホール	106
はんだ溶食	32, 42, 50, 164	噴流法	108
はんだ溶食防止	68	噴流浴槽法	110
はんだ浴槽	110	ベルヌーイ効果	112
反応はんだ付	102	偏析	82
バンプ	138, 146	変態速度	62
バンプ形成法	122	ポアソン比	46
非活性化ロジン	94	ボイド	52, 178
ビッカース硬さ試験	46	ポテンシャルエネルギー	42
ピッチ調整	136		
非腐食性フラックス	132	【マ】	
表面エネルギー	24	マイグレーション	80, 172
表面実装	16	マイクロエレクトロニクス	52
表面実装法	140	マイクロソルダリング	12, 32, 52, 70, 108, 136, 144, 148, 154
表面張力	24, 136, 144		
表面張力法	176	前処理	106
疲労	66	松やに	86, 90, 92, 94
疲労強さ	50	松脂	48
ピンホール	52, 106	無機系フラックス	86
フィレット	66, 150	無欠陥はんだ付技術	174
腐食	88	無電解Ni-P層	152

無フラックスはんだ付法 ……… 120, 122
無フラックス法 ……… 88
メタライジング処理 ……… 106
メニスコグラフ ……… 166, 176
毛管現象 ……… 28
毛細管現象 ……… 28, 150
目視検査 ……… 166

【ヤ】

焼なまし双晶 ……… 64
ヤング率 ……… 46
融解 ……… 56
溶食(はんだ食われ) ……… 128
融接 ……… 14
溶融塩 ……… 90
溶融塩浴 ……… 102
溶融温度範囲 ……… 54

【ラ】

ランド ……… 150
リフトオフ ……… 78, 150, 164
リフロー法 ……… 10, 16, 108
両面配線板 ……… 16
レーザ ……… 118
レーザはんだ付法 ……… 118
レーザ法 ……… 10
レオロジー ……… 44
ろう ……… 54
ろう接 ……… 14, 54
ろう付(ブレージング) ……… 18, 130
ロジン ……… 72, 90, 92, 94

〈著者紹介〉

大澤 直（おおさわ ただし）

1940年、山形県上山市生まれ。1963年、山形大学理学部卒。工学博士（東京大学）。元青山学院大学理工学部講師。金属材料および金属の接合（ろう付、はんだ付）の研究に従事してきた。

［主な著書］
ろう接の生産技術（編著）：溶接新聞社（1982）
電子材料のはんだ付技術：工業調査会（1983）
最新接合技術総覧（編著）：産業技術サービスセンター（1984）
はんだ付技術の新時代：工業調査会（1985）
はんだ付の基礎と応用：工業調査会（2000）
はんだ付のおはなし：日本規格協会（2001）
金属のおはなし：日本規格協会（2006）
アルミニウムの基本と仕組み：秀和システム（2010）
銅の基本と仕組み：秀和システム（2010）
閑話百題：エディトリアルハウス（2010）
はんだ付技術なぜなぜ100問：丸善出版（2011再版）
はんだ付工学：丸善出版（2012）
金属材料の基本と仕組み：秀和システム（2015）

図解 基礎からわかるはんだ付　　　　　　　　NDC566.68
2016年1月20日　初版1刷発行　　　定価はカバーに表示されております。

　　　　　　　　　　　　Ⓒ著　者　大　澤　　　直
　　　　　　　　　　　　　発行者　井　水　治　博
　　　　　　　　　　　　　発行所　日刊工業新聞社
　　　　　　　　　　〒103-8548　東京都中央区日本橋小網町14-1
　　　　　　　　　　電話　書籍編集部　　03-5644-7490
　　　　　　　　　　　　　販売・管理部　03-5644-7410
　　　　　　　　　　　　　FAX　　　　　03-5644-7400
　　　　　　　　　　振替口座　00190-2-186076
　　　　　　　　　　URL　http://pub.nikkan.co.jp/
　　　　　　　　　　email　info@media.nikkan.co.jp
　　　　　　　　　　　　印刷・製本　新日本印刷

落丁・乱丁本はお取り替えいたします。　　2016　Printed in Japan
　　　　　　　　ISBN 978-4-526-07502-5　C3054

本書の無断複写は、著作権法上の例外を除き、禁じられています。

●日刊工業新聞社の好評新刊書●

よくわかる炭素繊維コンポジット入門

平松 徹 著
定価(本体2,200円+税)　ISBN978-4-526-07489-9

航空機や自動車、土木建築構造物・スポーツ日用品などで年々用途が広がる軽くて強い・硬い材料の炭素繊維コンポジットについて、豊富なデータや機構図を用いて基礎技術をわかりやすく解説。応用例や力学的・機能的特性、成形加工方法などについても詳述する。炭素繊維コンポジットの導入・活用に関心があるビギナーに向けて図解で説く。

図解よくわかるナノセルロース

ナノセルロースフォーラム 編
定価(本体2,000円+税)　ISBN978-4-526-07448-6

セルロースをナノレベルに精製したセルロースナノファイバーは、炭素繊維やカーボンナノチューブに次ぐ新素材として今、世界中で注目を集めている。日本の産官学におけるセルロースナノファイバーの研究開発最前線を、わかりやすく図解で解説。材料特性や製造方法、条件、応用事例などのデータとともに、世界の産学官連携研究や標準化動向なども追う。

自動車軽量化のための接着接合入門

原賀康介、佐藤千明 著
定価(本体2,500円+税)　ISBN978-4-526-07364-9

自動車車体軽量化に向けて、鋼板主体からCFRPを筆頭とする軽量複合材を多用する構造への変更が検討され始めた。そのような複合材を接合する際、高価な設備や高度な技術を必要としない接着に注目が集まっている。従来の接合手段の主流である溶接や締結と比べた接着接合の機能や生産性、コスト性を紹介すると同時に、適用法や工法を平易に指南する。